沒有如意的人生
只有看開的生活
人生路遙且坎坷
靠己堅韌來改造
若能吃得苦中苦
便能成為榜樣人
勞者多能技高超
柳暗花明又一村
臺灣百大創享家
以你為榮當教案
積極健康真好書
願你成長步步高

創享家

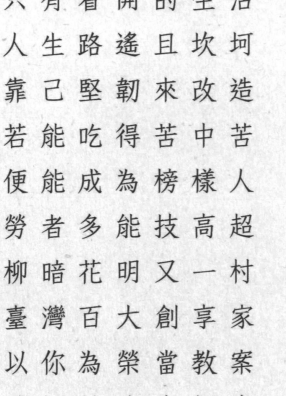

序－真善美的智慧人生

臺灣百大創享家（第三集）在順利上架後，團隊就開始啟動第四集（真善美）的籌備與嚴選，年初師生團隊決定參加第20屆夢想資助計畫，此計畫以「跨越極限，永續前行，夢想 KEEP WALKING」為主題，而團隊則是以「真善美：透過國民教育階段設計教育的城鄉互動達成平權社會」為主題參加且完成報名。這二十年來的夢想資助計畫長期挹注資源發揮正面能量，陪伴社會大眾勇往直前。筆者常鼓勵所有的年輕人都能夠突破框架，以超越自我最大的潛能來面對新挑戰，同時也保有持續學習的心態，讓師生團隊一起成為全球永續前行的重要角色。

目前全球正面臨許多未來永續等的多元挑戰，從環境議題即指人類活動對自然環境所造成的影響，包括：水資源污染、生物多樣性等；及性別平等、高齡與少子化、振興地方創生等社會議題；到基礎建設、後疫情時代政府推動創新、精進公共建設、工作機會等經濟議題，都需要我們更積極的回應與投入。筆者認為，夢想資助計畫特別關注「夢想」與「永續」連結的三大面向：即「經濟永續」、「社會永續」和「環境永續」。而在鼓勵思考夢想實踐的過程中，如何落實永續思維並積極實踐永續議題，並進而用公民行動的實踐方式來發揮永續發展的社會影響力是真價值。

美學素養一直是臺灣新世代教育的契機，目前多屬於Z世代的青年設計師，在大學社會責任實踐的多年學習經驗中，期望能結合所學而運用在各教育階段設計教育課程的實驗中，也透過教育場域的實踐共同為設計教育平權的目標努力，並嘗試提出政策白皮書的可行建議。筆者以犧牲奉獻的觀念接受現象並努力做到最好；重視程度上的正義且捍衛公平與人權；期許從有限的空間資源朝向無限的思索。相信：多元創意、批判思考、自主學習再加上解決問題，就是終身學習的真正意涵。多年後選擇成為善循環科技新創團隊的教練，從經典的閱讀學習與沉澱省思加以釐清事情的本質，也才能發覺出知識的脈絡，是有助於方向的確立與掌握，更能有效啟發潛能，使其優勢能力明朗化，而且達到樂在學習的目標。筆者為大學育成創業教師近十年，相信且堅持改善社會問題是一場漫長的持久競賽，大多數的人都是在無數次的錯誤中學習，才能夠逐漸走出自己的路。

筆者持續為強化大學育成課程與產學的鏈結，並努力推動發明學院在大學校園與實驗教育機構的創新創業課程合作，進而轉換創新知識並尋求創業團隊及新創企業的資金投入。2024年是臺灣創享家的關鍵點，也是邁向國際化的重要時刻！第四集（真善美）的出版，是以社會企業、及創新創業等方面受到評審團認可的核心價值為主，內容以推廣創新、誠信、責任、樂趣及分享家庭價值等為重點。在延續暢銷的市場反應下，堅定推廣創享家社會影響力，是實踐者透過社會責任實踐真正解決問題。筆者將持續與各跨域文創團隊合作，再繼續完成臺灣百大創享家第五集（信望愛）的出版！

林作賢 2024.5.17
（臉部平權日）

目 錄　CONTENTS

從社會的平權中
活出屬於創享家的新人生

文／林作賢

　　大家都一定要好好活著喔！「家破人亡」是一般人在一生中所面臨最大的遺憾之事，絕大多數的人面對這樣的絕境，通常都是無法面對更甚至於選擇放棄自己的人生，能夠堅定面對而且屹立不倒、甚至是重啟人生的新生活者則並不多見。但筆者卻真的做到了，不單單是改變了自己原本的人生，甚至用親身所經歷的生命故事與教育實踐當做福音見證，讓更多人因為這樣的故事能夠重新活出自己的真正價值，勇敢地堅定走向屬於正向的壯世代新未來。世界上很多真正勇敢的人都是正面積極與刻苦耐勞地面向每一天，生活中的堅強韌性都是應該可以學習的榜樣，其不怕苦不怕難及披荊斬棘的勇氣與毅力，必會照樣能夠活出生命的璀璨花朵，筆者相信：這是臺灣百大創享家的社會影響力，總會讓人更勇敢地去挑戰人生中各式各樣的困難！

從青少年時的悲慘歲月看見堅定自己負重前行的真心

　　筆者出生於台東縣台東鎮（1969年），家中共有六個兄弟姊妹。因父親工作派遷與創業之故，自幼便與父母親一同移居台中（太平與東區）且最後決定長期居住台北（內湖與南港）。父親原來是一位事業有成的遊覽車公司老闆，而母親原本是一名教學認真的國小老師及主任，但後期因為視神經萎縮而造成失明，便申請提早退休在家，父親也擔負起照顧全家大小的重責大任。父親除了忙於交通事業及創業外，也竭心盡力地照顧全盲的妻子，每天早出晚歸且日復一日，在筆者的眼中，此時的父親就是自己最能倚靠的大山，是一位值得敬佩的偶像與英雄，也因著父母親給予的優質學習環境，筆者從小就非常熱衷於學習，雖然因過動及國小歷經四間學校，但有母親親自輔導的堅持故在校成績仍非常優異，父母親與師長從不會為他的學習狀況擔憂，是師長眼中非常優秀、有獨立思維的模範生。就這樣原本一家和樂融融的景象，卻因為父親的出軌，讓幸福美滿的家庭一夕間崩解，原本將父親視為偶像與英雄的筆者，此時心中也延伸產生莫大的變化，原本是父子間的親切對話卻變成了彼此間的疏離與無奈。在一次又一次的爭執後，也逐步催蝕父親在筆者心中原本無法撼動的地位，轉而成為逐漸深深累積的恨意與埋怨，後來更因父親這個錯誤的抉擇，讓這位外遇第三者掀起家中無比的滔天巨浪、成為一件又一件無法挽回的人倫慘劇，更讓筆者在那二十年間背負許多莫名的重擔與誤解，致使筆者後續的人生有著翻天覆地的巨變。

當時尚在臺北市大安國中三年級就讀的筆者，在獲知父親出軌後內心非常抗拒，本著保護母親（郭富美老師）的本意多次與父親起爭執，但父親終究不領情。反而怪罪他不該介入大人之間的事情，就這樣一氣之下、尚未考慮自己仍處於國中學習階段，毅然而然決定離家出走以表達自己對於父親外遇行為的不齒與不滿。筆者原本是師長口中的績優好學生，一夕間就成為帶著對於父親強烈恨意流浪台北街頭的中輟生。在離家出走於外頭流浪的時候，為了填飽肚子，筆者開始四處打零工維生，哪裡有缺人、願意用他的，他就去做，因此有段時日被大稻埕迪化街的商家與後車站太原街附近的人力仲介當成廉價童工使用。而此時當初筆者所就學的林明哲校長得知自己最深愛的學生因為家庭因素成為逃家的中輟生後，便與訓導處吳錫章主任等師長們四處找尋，當這位校長費盡苦心找尋到筆者時，本以為能夠順利帶筆者重返校園時，不料筆者極力地抗拒回到學校與家庭，在筆者幼小的心靈上總認為，父親的行為就是殘忍，筆者不想回到家中面對曾經最敬重的父親，更不想回到校園中接受同儕異樣的眼光。但這位林明哲校長及主任師長們仍不死心，三番二次地找到筆者且苦口婆心地勸誡，總算在師長們的溫情攻勢與耐心不放棄下，筆者同意跟著林校長回到家中，並且重新回到學校的夜間部（補校）繼續學習。

止不住地淚水撕心裂肺的苦痛且成為奠定未來人生的基石

　　但此時有另一個重大的衝擊，也在這時等待著筆者。在他離家流浪打工的這段時日，父親因為生意失敗積欠不少債務，在賣屋償還部分債務後，便帶著外遇對象連夜逃離台北前往南部，完全不顧失明的妻子還有年幼的兒女們，筆者從迪化街回到家中看著自己的母親與不知所措的弟弟妹妹們時，不禁雙膝跪地且哭倒在母親溫暖的懷中，內心充滿著悲痛與自責並暗自下定決心要負起身為長子的責任，照顧好母親與自己弟弟妹妹們。事實上天總是不從人願，欲將筆者逼入絕境的噩耗就此襲來，母親某日接獲父親從台東打來的電話後，便獨自從木柵安康社區前往台東故鄉與父親見面，原本只是一場平凡的暫時分離，卻變成筆者與母親的天人永隔。再次見到母親時已是一具面目全非的遺體，冰冷冷地躺在左營海軍醫院的太平間中。筆者跪著且哭得撕心裂肺，但再多的嘶喊呼叫與流不盡的淚水，終究仍然喚不回自己至愛的母親。母親的死因是百分之九十以上的燙傷及心肺衰竭，這在當時是非常重大的社會頭條新聞，而兇手就是父親的外遇對象。

活出 AIOT 的未來智慧新生活

新北福克司 -AI 教育扎根、開啟對未來的想像

母親遇害時的筆者年僅十五歲，身爲長子的筆者跟大姊共同一肩擔起母親的喪禮還有後續弟妹們的生活。可想而知那時的筆者身心正遭逢一般成年人也無法承受之痛苦，也是之後筆者常常會落淚的重要起因。懷著悲痛讓母親入土爲安後，由於自身以及弟弟妹妹們皆不願意與父親同住，藉由教會人士與熱心社工協助，將筆者與兄弟姊妹們安置在財團法人中國佈道會的天母聖道兒童之家，讓大家能夠有個棲身之所。在兒童之家的歲月，每每想到母親便忍不住的淚流，常常哭到不能自己。但筆者自己知道哭並不能解決任何問題，忍著內心巨大的傷痛，筆者後來也以優異的成績考上了台北市立中正高中、臺北工專及公費的臺灣省立花蓮師專。在就學期間除了顧及自己繁重的課業外，也在升學前的課餘時間從事各種不同的工作，像是過年期間去迪化街叫賣南北雜貨、清晨一早的送報及派報生，還有出賣勞力的臨時小工等等。這樣拼命地爲生活努力賺取微薄的收入，不單單只是爲了自己，更爲了自己弟妹盡一個做爲大哥的責任。

在花蓮師專就讀時期，常常偷偷哭泣的狀況仍舊持續著。筆者知道這是因爲自己的心已殘破不堪，而現在的筆者也只是努力地活著罷了！但還有許多責任未了，仍舊需要帶著這樣的悲傷持續地走下去。後來筆者發現一件事情，因爲師專本身有游泳隊，也有校隊訓練用的標準露天游泳池，當然平時也會有游泳的課程。筆者想著：只要能待在游泳池裡不就好了，不但落淚時不會被發現，筆者也可以在游泳池裡盡情地宣洩內心悲傷的情緒。就這樣筆者加入了當時的游泳隊，只要一有空檔便會主動下水練習，除了自身的自主訓練外，也讓筆者自己的心情得到稍稍的紓解，宛若一隻帶著淚水的海豚，在水下世界中傾吐著無人能夠知曉的內心，日後二十年也常常投入游泳與水上救生的相關訓練課程，也成爲臺灣水上救生總教練及奧運女子游泳項目的啓蒙教練等。

活著做好教職作育英才與春風化雨致力輔導學生

　　花蓮師專結業後的筆者，出版生平第一本書籍及順利派任台北縣，如願地進入國民教育的校園中開啓教職生涯，在資優班課堂中的筆者是學有專精且跨域的師長，而課堂下筆者又是個慈父的角色，總能夠在學生們出現問題時給予方向與解答，用著筆者的智慧引領了許多聰敏但迷惘的青少年，步入屬於他們的正確方向。隨著年資與教學經驗累積，一路從教師、輔導員、教務學務輔導主任等直到進入國北師院國民教育研究所的校長領導班結業，也步入婚姻、有著令人稱羨的家庭生活，更擁有自己最疼愛的寶貝女兒。正當覺得所有的一切都在平順的發展時，卻傳來父親被殺害去世的消息，而殺害父親的兇手又是當初殺害母親、被父親視爲珍寶的外遇對象。獲知消息後，筆者並無太大的反應，只因當初那個自己視爲英雄的父親，早在母親離去的那一刻，就已經不復存在。

　　由於這是當時很震撼的社會事件，不久筆者便被媒體批評是一位不懂孝道且不適任的教職人員，排山倒海的輿論指責，讓筆者有了輕生的年頭，在無語中從台灣大學公館走向了永和福和橋上，正當自己想一躍而下結束生命時，驚想起了自己的妻子與還沒有長大的寶貝女兒，以及還需要自己照顧的弟妹們，猛然驚醒，一瞬間淚如雨下，哭泣過後，自己也在大橋上思考許多並決定活著。

　　面對自己父親的離世，在此刻似乎也沒有像之前那樣的恨著他，取而代之的反而是，要是筆者自己有更積極地作爲，父親是不是能夠繼續地活著？其實父親在遇害前已被家暴，筆者早已安排非常好的療養院讓父親入住，但不知何故父親決定逃院回到他和外遇對象的住所，之後就發生了這件慘絕人寰的慘案，筆者自己最親的兩個人，皆毀於一人之手。而如今這樣的事件又想要毀筆者於一旦，當下筆者便毅然決定直接面對媒體，公開自己從小到大的眞實故事去澄清外界對筆者自己的誤解。也在多方查證下，媒體確認了事件的眞實性，原本網路上、社會上的輿論也紛紛轉向筆者致歉，也還給筆者應有的公道還有屬於筆者自己後段的人生。

把每一天當成最後一天就會盡其所能活出最璀璨耀眼的自己

　　筆者在杏壇中作育英才超過三十年，閒暇之餘更是勤工儉學，目前是香港的哲學與臺灣的法學博士候選人，且在大學教授國家發展與人權及智慧財產權等的課程近十年。但老天似乎還想要繼續考驗著筆者，由於一直以來因過度操練及工作而有睡眠方面的困惱，經過詳細的檢查後，醫生直接宣告罹患了重度的呼吸中止症並有輕度身心障礙手冊，很有可能會在睡夢或是休憩時直接猝死，更提醒有可能無法活過五十歲，接到消息後的筆者，瞬間腦袋一片空白，歷經這麼多波折後，總覺得可以好好陪伴自己的家人以及女兒，怎會再發生這樣讓我無法接受的情事呢？當下真的只能無語問蒼天。而這個時間點恰逢女兒正準備出國念書，筆者當下就決定放棄自己引以為傲的教職身分申請提前退休，而且是一次性地申請自己的退休金，這也意味著未來老年時，將只能繼續工作求生存。會做這樣的決定也是因為自己的寶貝女兒，身為父親或許無法給予她非常富足的環境。但這筆錢應足以負擔她留學初期的花費，這也是身為父親能給予寶貝女兒的最後一份禮物。

　　就這樣身為公教職的筆者在 2018 年暑假前申請退休，正準備在家思考下一步時，一些過往曾經認識的年輕人找到筆者，希望能夠藉由筆者的科技法律教育與行銷經營專長協助創業。就這樣，點點滴滴團隊在當年的 9 月 16 日於銘傳大學桃園校區正式成立且接受育成輔導，筆者憑藉著極其敏銳的商業模式與市場趨勢，成功地為整個團隊奠定下後續發展的基礎。找人、找錢、找資源，成為筆者每天的例行公事。而身份也從臺灣發明學校的創辦人變成了新創公司的執行長，甚至在帶領團隊的同時，也以過往公私立教職的身分輔導許多想要創業的年輕人，開拓屬於自己未來的遠景。

而點點滴滴科技公司也在筆者及團隊的全力衝刺下，在 2019 年拿下臺灣通訊大賽冠軍及公費前往美國舊金山展覽，而其產品也引起多方的關注，更讓點點滴滴這個小企業一躍成為多方追捧的明日產業之星。就如臺灣通訊大賽當天頒獎典禮上筆者面對貴賓談到的一句話「我們是贏在態度，而不是贏在技術」。認真地面對每一件事、認真地去思考每一件事、認真地去執行每一件事。筆者想就是這樣認真的態度，讓筆者逐漸成為一位全方位輔導青年人創業的金牌輔導員及連續創業家。在 2019年帶領其他新創團隊持續參與千里馬計畫，更在競賽與展覽場上成為每次必看的亮點之一，直到2023年十二月底筆者帶領的新創團隊均能成為多方爭取的合作對象。

　　而臺灣通訊大賽後接著便是疫情時期三年的到來，除了直接衝擊到臺灣的產業鏈，不分行業都受到了極大的損失，當時的資策會也與團隊接觸，希望能夠進駐經濟部所開發的林口新創基地並參與亞洲矽谷計劃，於是在這樣的育成計畫產生後，開發出教育科技新產品，並在2020年華岡創業競賽上大放異彩榮獲冠軍，也在日後獲邀進駐文化大學新創基地中由團隊持續相關創新計畫的執行與持續育成及營運。就這樣進入產業界超過五年的時間，筆者充分地表現出異於常人的鬥志與堅定的決心，總能帶領著不同的新創團隊，持續地往前邁進、嘉惠許多年輕人，引導他們開闢一條通向成功的道路。更讓筆者成為臺灣新創育成界中令人無法忽視的一位企業強者與生命教練。

生命的長度雖是不能掌控的但精采度卻是能去創造的

隨著醫生宣告生命盡頭的時間慢慢地靠近，筆者除了每天忙碌地輔導創業的生活外，筆者也開始思索自己生命的意義。在歷經這樣多的磨難後，我還有甚麼事情是能夠做的？

2022年初正在思索與自我對話的同時，碰巧知悉在博士班就學期間的指導老師身故，而當初便與這位指導教授討論過「臺灣 Siloam 生命故事博物館」這個初具概念的科技整合議題，筆者當下便思索著是否有其可能性地將這個計畫付諸實現？由於這段時日除了擔負起新創導師的責任外，筆者也常以自身悲慘的故事四處演講，只要有人邀請不管多遠就一定會前去分享自己生命的旅程故事，筆者最常用的開場白便是：「活著，是人生多麼重要的一件事情！」還記得 2016 年筆者受邀去中山醫學大學演講後，有一位年輕人在聽完演講後直接對著筆者說：「老師，原本我是打算明天要去自殺的，但現在我知道您比我還要可憐，所以我決定不要自殺了！」。也因此筆者決定開始積極到各大專院校及教育機構等演講，希望藉由自己的生命故事引領更多年輕人及大眾等重視自己的生命、積極開創屬於自己美好的人生。

也因為一次又一次地演講分享，筆者也從中知道自己生命的意義，所以當得知龐建國指導教授離世（2023年1月11日）後，便積極想要將理想付諸實現，同年三月恰逢接受漢聲電台的專訪，在節目中也提到自己對於臺灣生命故事館的期許，節目後獲得蠻多的迴響與支持，且於當年臺慶當天受邀專訪進行更詳細的說明。而此時剛好與一位長輩會面，深談中便將自己想要成立生命故事館與國際文件展這件事娓娓道來。這位長輩聽完後當下對筆者說：我在台北溫州街有個空間可以讓你使用，也希望這座生命故事館能夠正式的成形，我支持也讚許你這樣的計畫。

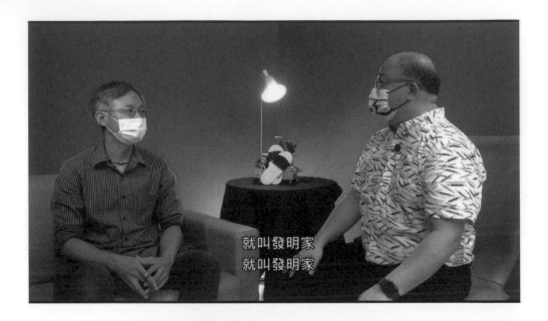

　　就這樣「臺灣生命故事館」就能夠順利在2022 年 6 月至 9 月正式開展，展覽期間原本只有十二位願意將自己的生命故事分享出來，期盼藉由自身的生命故事分享，帶來更多正向能量，給予這個社會許多迷惘的人一些方向，讓他們能夠早日走出低谷，同時也能藉由線下與線上的系統整合（SI），保存自己珍貴的生命故事。而開展後瞬間引起各方關注，也有越來越多的人希望能夠把自己的故事置入故事館中做為永久地保存。在九月展覽落幕後進入故事館的主角已高達 150 多位。雖然目前展覽已經結束，但是生命故事館會以實體的書籍呈現在大眾的面前，現階段出版計畫也由筆者的學生廖淨程（一位身障妹妹的哥哥）去執行，應該不用多久，這本收錄許多人故事的書籍，也會在大眾面前展露分享。聽著筆者娓娓訴說自己的過往與現在，言詞中展露屬於自己的智慧與豁達，深信在這一系列的計畫下，勢必能帶領目前計畫中的產業與社會關懷企業有正面的影響，創享屬於每位自己的巔峰！臺灣創享家：鼓勵讀者要勇於與眾不同，堅守住自己認為是正確的立場！

創享家給大家的一句話是正念初心的實踐且用愛祝福下一代

從臺灣省立花蓮師專結業及出版超過三十本書的多年來一直堅持實踐正向的力量，雖然過程中有拉扯與衝擊，筆者總自認不是很厲害的人，但活著且繼續向前行的人生哲學會不斷提醒筆者去做有影響力的事！當臺灣百大創享家的首次出版發行在通路上獲得蠻好的成績時，青年文創新創團隊仍然是秉持著對記錄精彩生命故事的初心，將對的事做對就對了！臺灣百大創享家的計畫是從疫情後開始，已經順利完成幾本好書的出版及上架暢銷，其核心價值就是針對臺灣各行各業相關人士的生命故事為累積的基礎，透過傾聽生命與體驗生命的美好與幸福，用創享家的素人故事來激勵著讀者粉絲們的內心，共同燃起對生命的尊敬與熱愛！

我們再接再厲用圖文並陳的方式忠實呈現生命故事，並以深入訪談屬於受訪者自己的生命旅程與感動，藉由精闢的文字與照片相互結合來分享給社會大眾，並將嘗試在市場接受後以第一人稱的方式邀請更多的參與者來共同出版。

持續廣邀每位願意將自身最初的信念與夢想傳達出去的素人們，用文字與圖片結合及出版暢銷的方式，給予社會大眾及想創業的年輕人，能夠感受到所要傳達的正向能量與不斷堅持實踐夢想的勇氣，並且留下永恆的生命痕跡與印記。臺灣百大創享家的共創共享及共榮共構等，將是疫情後很重要的生命記錄書籍，也是未來發行國際版本的基礎，我們相信一定會成為國際上的光與鹽，讓世界看見臺灣！

出版精選集後，筆者深深學會一件事：先幫助別人成功後自己再成功！畢竟我們都是對生活很有熱情的人，也期待有機會，在社會平權與地方創生等的重要主題下持續分享實際倡議經驗。臺灣創享家的品牌價值在於延續與傳承，立言是莫忘文字工作者的初心，歷經疫情的衝擊且堅持下去，筆者相信：持續完成不朽的立言人生觀應該是創享家的格局與遠見！創業創新本來就是一件非常不容易的事，每一位創業創新者都經歷過許多人無法想像的事物。其實不論困境或逆境，都只有自己堅持的信念一直與自己相隨，我們將努力為有緣的創享家寫下屬於創新創業與生命分享的不朽故事！

創享家能夠成為暢銷書，都是因為此計畫能夠感動人心，堅持針對各行業以及相關人士的生命故事做為專訪的基礎，透過傾聽生命故事，共同體驗著曾為生命打拚的美好與幸福，用生命故事激勵著讀者們的內心，讓我們共同遇見最感人與最激勵人心的故事，一起燃起對生命的熱愛！筆者堅持「活出：陪年輕人走一段創業的路」的理念，畢竟：人類因夢想而偉大，用大愛分享這些有其意義的文字記錄並轉換成正面激勵的生命故事，堅持為許多生命旅程中的勇敢鬥士，保存著屬於自己的傳承與意義。新創團隊堅持一步一腳印，紀錄社會上最憾動人心的創新創業與生命歷程故事，將小小夢想化為最強大的力量，為精彩的人生與歷史留下集體永不抹滅的鮮明記憶！

最後，筆者在五十五歲後的五月初，回頭忽然發現：筆者從十五歲（母親被殺害後）就開始打工賺錢養活自己（為了生存）及幫助家人，至今也工作超過四十年（1984-2024）了！從松山車站五分埔送報開始！

記憶中有：在台北公館擺地攤賣飾品！雙北市的文山地區派報！夜市的餐廳洗碗！油氣壓工廠做電子零件！電器工廠做電風扇及纏繞馬達！從台北後車站太原路到樹林化學工廠做冷熱燙髮用液及綿羊油！台北大稻埕迪化街賣南北雜貨！直到中輟生返校念大安國中補校及考上花蓮師專後：到台北市公館華興補習班（回饋）幫忙招生！花蓮縣（市）當中學生的英數家教！不斷地持續寫作賺稿費（於1990年出版第一本書）！

開小型家教班學習創業（花蓮市與台北縣中和市）！退伍後的龍寶寶（品牌）資優創意作文教學系統並開始嘗試全臺灣的連鎖加盟！每年暑假教游泳訓練班！創辦JOJO美語學校（2000年後）！考上研究所（MPA）辦理留職停薪數年後在師範校院校長領導班中學習創校與創業（私立學校的國際化經營與實驗教育三法推動）等！

從被它限制到與它共存

文／丁峻和

一位媽媽正忙著打理午餐，於是她決定讓她的兒子去菜市場幫忙跑腿便說「兒子，你幫我去菜市場買五個肉包，如果有看到粽子，幫我帶三個」，兒子欣然領命，然而他回家之後卻拿著三個肉包，當媽媽問說為什麼只買三個肉包的時候，兒子淡淡地回應：「因為我看到粽子。」這是一個經典的程式語言笑話，但也算是足夠簡潔的描寫出了我的困境，直到接受特殊教育以前，我甚至連語言都沒辦法像大眾那樣普通且迅速的理解更遑論表情、語氣、動作等等一系列一般人天生就懂的非書面語言，這方面的缺陷從我出生開始就一直詛咒著我，祂紮實的讓我的成長充滿顛頗與挫折，讓我錯過了無數緣分，甚至結下許多孽緣與厄運，在那個對身心障礙者沒有概念的時代，真正能被稱為人倫悲劇的大有人在，我這種程度只能說是輕微，與那些可以被送上社會版頭條的，甚至太勁爆而不能上頭條的那些慘案相比，我頂多算是角落的小品。並不是說我要強迫所有人為那些悲劇哭泣，我只是想表達，我都已經無法承受我這些「悲傷但輕微」的境遇了，那些我完全無法想像的慘劇是多麼令人哀傷。

亞斯伯格，在一般人的刻板印象裡面就像是透過某方面的重大缺陷來換取某方面的卓越表現，但很可惜，我沒有那個機緣，我純粹就只是一個無法讀懂情緒的笨蛋，其他方面也單純是個普通人，甚至在普通人之下的低端學生。低端學生，這是我給我自己的評價，也是我逕自認為所有經手過我的師長們對我的評價，我不可教化、輕視規則、待人無理、蠻橫霸道、情緒衝動、思想偏激……「除了我會說中文，幾乎沒有辦法辨別我與一頭被全身脫毛的猴子有什麼區別」，當某位老師對我這麼說的時候，我還差點笑出來，因為他說的實在是太對了，但老師察覺到了我在憋笑，以為我在輕視他的「諄諄教誨」，於是他直接把我趕走了，更好笑的是，我還當面感謝他把我趕走，因為我想去上廁所。

亞斯伯格，在一般人的刻板印象裡面就像是透過某方面的重大缺陷來換取某方面的卓越表現，但很可惜，我沒有那個機緣，我純粹就只是一個無法讀懂情緒的笨蛋，其他方面也單純是個普通人，甚至在普通人之下的低端學生。低端學生，這是我給我自己的評價，也是我逕白認為所有經手過我的師長們對我的評價，我不可教化、輕視規則、待人無理、蠻橫霸道、情緒衝動、思想偏激……

「除了我會說中文，幾乎沒有辦法辨別我與一頭被全身脫毛的猴子有什麼區別」，當某位老師對我這麼說的時候，我還差點笑出來，因為他說的實在是太對了，但老師察覺到了我在憋笑，以為我在輕視他的「諄諄教誨」，於是他直接把我趕走了，更好笑的是，我還當面感謝他把我趕走，因為我想去上廁所。

我的人生就是像上文提到的那種搞笑小品，一段接著一段累積起來，串成了我的人生，單獨把一段拿出來看的時候或許會讓人會心一笑，但是當他們被串接成一整段人生的時候，每一段故事都象徵著一次放棄、一次無奈與一次憤怒，最終這些故事與他們累積的一切，會將我引導至必然的失敗。我有緣分，遇上了許多能引導我飛黃騰達的師尊與好友，但我卻無能，讓他們一次一次的來到我身邊，然後轉頭離開，當這些失敗的經驗經過二十餘年的累積，足以輕易壓垮一切的自信，曾經也有位老師跟我說過，我與其他需要幫助的孩子們只是一群需要時間的慢飛天使，只需要繼續努力，也能像其他人那樣展翅高飛，但現在我可以自信滿滿的和她說，如果其他人是展翅高飛的天使，那我就是隻忘記怎麼鑽洞的蚯蚓，任憑我在地上怎麼掙扎也不可能展翅高飛，因為我根本沒有翅膀，我甚至連我該回去的地底都沒辦法下去，只能任憑天上灑下的光芒把我烤成乾屍，我留存於世的唯一證明就是那短暫存在過的醜態。

高中畢業之際，我與一眾同學在教室裡面填寫志願，那時的我早就已經失去了對生命的熱忱，我甚至不確定我有沒有過那種夢幻逸品，因此，我參考了別人的意見填寫了志願，然後被幾乎所有學校給刷掉了，那時的我早就習慣了失敗，甚至已經做好沒大學念的準備，因此後來聽到我不需要指考也有大學願意收我的時候，我反而比較意外。然而，我連活著的興趣都相當缺乏，更別提對這些需要燃燒熱情的專業項目，因此我也在大學生活裡面與我早已習慣的失敗日夜為伍，這些無形鬼魅的熱情慰問甚至超越了父母、朋友與列位師尊給我的關愛，在日復一日，年復一年的挫折之中，我最後也沒有把握住這次機會，在即將被退學的前一刻辦理休學了。

我已經習慣了放棄，說實話，如果我知道我會活成這副德行，當我還是一隻白蝌蚪的時候我就不該這麼努力，更別提現在的我除了已經改稱「自閉症光譜障礙」的亞斯伯格，還有過動症、焦慮症與憂鬱症纏身，我不知道它們什麼時候找上我的，但這些似乎是我應得的，我也接受了，比起二十幾年前對身心障礙一無所知的那個時代，至少現在我在挨罵與受挫的時候還有一些擋箭牌。

　　但是，我仍然想要繼續掙扎，即便最後什麼都沒留下，蜻蜓點水也是展翅高飛，我希望我可以將我的這些「小品故事」擴散出去，它們單獨看起來沒有那麼沉重，小品的形式也適合現在的快餐媒體，更重要的事情是，如果愈多人知道這些事情的存在，或許未來某位與我相似的某人就可以得到比我還要更好的對待。

　　大學期間，我雖然沒有學分，但多少還是累積了一些媒體相關的知識，它們幫助我能夠用一種全新的角度與姿態去說故事，從理論上開始學習一般人理解世界的方式，以及創作者如何去引導人們理解自己的手法，這算是我夢寐以求的一項技能，它能在一定程度上幫助我跨過我先天的障礙，或多或少讓我重拾一些活著的興趣，如果能夠讓荼毒我一生的詛咒，變成能夠博君一笑的劇場，那何嘗不是一種活法？更別提，它們或許能夠在我看不見的地方，幫助到與我境遇相同卻素昧平生的受難者，這便是我踏上創作之路的動力泉源了。現在，我不再像以前那樣將我遭遇的挫折視為一種失敗的經驗，我將它吸納成創作的素材，經過適當的改編與加工之後紀錄下來，在未來經過適當的整理與統合之後，可以改編成各式各樣的作品，一想到我那不入流的人生，也有機會能被打上鎂光燈，我便不再對自己的一切徹底悲觀。

　　其實，引領我到這個地方的，還有一部相當冷門的遊戲作品，《To The Moon》，講述了一場失去記憶的丈夫，與亞斯伯格妻子的故事，妻子在病症的阻擾下沒能將心中的愛意傳遞給丈夫，最終抱著遺憾離開世間，而丈夫在彌留之際也沒能想起妻子心心念念的回憶，直到玩家扮演的醫生介入，透過拼湊線索與修改丈夫的記憶，讓故事的結局圓滿了一點。這個故事是第一款讓我發自內心感動的作品，無論回顧這個故事幾次，我都會流下眼淚並發自內心的感到悲傷，而也是這次的經驗讓我明白了，這個世界上存在著一個可以繞過我的先天障礙，直擊靈魂深處的媒介，我不是那麼地無可救藥，只是方式需要特殊一點。

　　我不再是一個鬱鬱寡歡的憂鬱青年，即便我的人生有著許多無法挽回的重大失敗，但只要我繼續活著，我相信總有一天我能夠迎來我的高光時刻，雖然現在才開始累積創作所需要的技術實在太遲，但我熱愛這些能確實撼動我自己的短篇故事，回憶那些我不曾理解的事件與當下的情感，重新浸泡在讓我憂鬱與焦慮的經驗之中，我自責，我悲傷，但我從裡面獲得了新的教訓，也從裡面獲得了我所專屬的故事，我會將他們譜下、上架，用創作的形式來激勵與我相同遭遇的受難者，一起重新燃起活下去的熱忱。

盧順從的發明人生

成長背景

生於第二次世界大戰過後的初期，那一個百廢待興的年代裡，盧順從有深刻的感受。當時，亞洲的殖民地區人民，紛紛掀起革命獨立的浪潮，而脫離殖民強權，先後建立起屬於自己的民族國家；其後，又因美、蘇兩大陣營的對峙，又再使這些新興國家，捲入激烈的戰爭烽火之中。

在韓戰、越戰、高棉內戰，以及菲律賓、馬來西亞、印尼、緬甸等國的共黨游擊戰鬥⋯⋯等，都讓這些國家的人民，飽嘗痛苦。雖然，美、蘇對峙的所謂「民主」和「共產」兩大陣營，後來由「代理人戰爭」轉向「冷戰」，以及中共倡導「不結盟主義」的「第三世界」形成，戰爭逐漸消弭；但是，「排華風潮」又起，各地或大或小的對華人傷害，都造成了不少「家破人亡」的慘劇，導致華人大規模移出。

來自印度尼西亞廖內群島省首府丹戎檳榔的盧順從，回憶起當時印尼華人的三個選擇：移民歐美、回歸祖國的中華民國、回歸祖國的中華人民共和國；盧順從選擇了「回歸祖國的中華民國」。他表示：當時只有有錢有勢的華人，才能選擇「移民歐美」；而自己也不知道，選擇「回歸祖國的中華人民共和國」的同輩，後來是如何熬過「文化大革命」的迫害。他慶幸自己「回頭看，當時至少做了一個如今仍不後悔的選擇」。

走上發明之路

成長於物質環境並不豐裕的五〇年代,小孩子也沒有一如今日「五花十色」娛樂的選擇;所以,每個孩子幾乎都會自己動手做玩具,以成就自己的娛樂世界,甚至有時候還會「互相競技比拚」。

在這樣的氛圍環境裡,練就了一雙巧手的盧順從說:「我十三歲就開始發明,自此結下一生不解之緣」;「遇到問題,就要想辦法解決問題」盧順從如是說「因為問題是不會自己消失的!若是您放任它不管,問題只會愈來愈大、愈來愈麻煩」。

盧順從表示:發明是動腦、動手,甚至於也靠知識與經驗的累積;而且,發明是會上癮的,也是心靈無比快樂的事。當然,「無法突破」時,也會十分苦惱;只是一旦突破了,那種成就感與信心,真的是無可比擬的!當別人在想「去哪兒好玩」、「去哪兒吃好吃的料理」;盧順從卻一頭鑽入「發明」的世界,且一生樂此不疲!他說:「此中有真味,難與眾人說啊!」

民國九十二年(西元2003年)十二月二十九日,盧順從與陳樹鍊、周慶龍、陳炳松、柯文榮、張春夫、林登祥、楊成義、李泰宏等九人,一起獲得「臺中縣國家發明獎」。盧順從在臺首創的「風電抽水設備」,也於民國一〇三年(西元2014年)榮獲「美國匹茲堡國際發明展」金牌獎。這都是他投入「發明」後,努力數十年所得到的肯定與光榮。

細數迄今,擁有國內外三百多項發明專利的盧順從,已經走入「從心所欲不逾矩」的年歲;但是,他每天頭腦轉著、想著,還是「發明」。他笑著說:「每天想著、轉著,腦袋就不會生鏽、就不會老年癡呆;您放心,腦袋天天轉,不會壞掉啦!」

創立公司

高中讀商科的盧順從，對於發明產品、投入製造生產，而成立公司來經營；雖不能說是「一帆風順」，但自然也是「水到渠成」的事。

主典興業股份有限公司」，成立於民國五十三年（西元1964年），早期以經營冷凍、冷藏庫、冰水機工程的設施與買賣為主。

直至七〇年代，臺灣工業起飛之際，盧順從藉著冷凍技術的延伸，而介入了製鞋機械的研發；其中，最具代表性的製鞋機械為：冷熱後踵定型機及回旋式真空噴霧加硫機，以及回旋式真空急速冷凍定型機。盧順從生產該項製鞋機械占臺灣與大陸市場比率幾達80%，也是唯一專業後踵及鞋頭定型專業鞋機及其他相關產品的製造廠。

在「主典」之後，隨著時代的推進，盧順從也適切地介入「生物科技」的運用領域。近些年來其所研發成果，累計獲得臺灣、中國大陸、美國等地的專利已超越百餘件，可說是業界中之翹楚；他也因此又成立「主旨綠能生物科技股份有限公司」、「菇寶科技栽培場」、「玉光精機廠」，以進軍市場。

生意豈有穩賺不賠的呢？盧順從笑笑地說：「您說我是『發明之神』，我可厚著臉皮勉強接受；您說我是『經營之神』，那就太高估我了！」學商出身的盧順從表示，「從商必須精算成本與利潤，不能太過理想化；畢竟一家公司，還要照顧員工的生活與家庭」。目前，除了「菇寶科技栽培場」、「玉光精機廠」歇業外，「主典」、「主旨」都還在經營中。

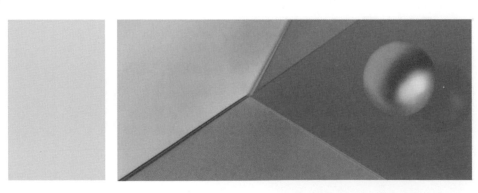

反思環保

以往生活匱乏，如今生活富裕；但是，在人類盲目開發與追求享樂的同時，地球氣候的丕變與環境的汙染，也種下了人類使整個地球提前邁向毀滅的危機之中。盧順從認為，人類不能如此自私，也無權這麼做；因為地球是大家的地球，是所有生物賴以生存的家園。

盧順從作為一個「發明家」與「經營者」，他也思考到唯有「堅持愛護地球、珍惜資源、注重環保、尊重生命、利益分享」的理念，全世界的人才能共創地球美好未來。因此，他面對整個地球的「環境變遷」後，基於以往「發明」的基礎上，發想出更多兼顧到「環保」的設計；盧順從希望：人類能創造一個「永續的家園」，與所有地球生物，共存共榮。

在環保理念下，盧順從從發想到現在，至少有以下「足以自豪」的發明：

（一）YK系列產品

他發明的「YK-111大空間食品低溫冷風乾燥機」、「YK-112平盤式低溫冷風乾燥機系列產品」、「YK-116，118中溫及低溫真空冷凍乾燥機系列」、「YK-100低溫冷風噴霧乾燥系列」，以及「YK-113無塵殺菌除濕機」等，藉以提供農、漁食品、肉類、水果、蔬菜、酵素、中藥材、西藥製程及生化科技應用材質……等，現代生產科技之所需，且最經濟有效的乾燥方式；這即是截然有別於千百年來，人們傳統乾燥的概念，改變對食品、醫藥、化學、電子、實驗室、廢水處理、環保回收及有效物質再利用等方面，都可說提供了最有利的生產設備。

（二）虹吸水力發電機暨超導體淡化系統

　　而隨著全球海水淡化產能，逐年增長及世界多國追求「制定碳中和、零淨排」的目標，盧順從一套可「同時解水、電之渴」的「虹吸水力發電機暨超導體淡化系統」，自民國一一〇年（西元2021年）很快在市場升高的關注度來看，就是這套「虹吸水力發電機系統」棄絕傳統化學方式，而採用物理方法來進行發電及海淡技術；它無需使用過濾網過濾、也沒有氯化鈉的污染，連水質殺菌也是「用電而非用藥」。

　　這套虹吸水力發電機系統不僅可用於海淡，也適用於電子廠的廢污水處理。此設計提供了最佳的電容脫鹽及產水效率，既能創造民生飲用水、農業灌溉用水；更解決缺水、氣候變遷以及實現環境改善、愛護地球之理念。

　　民國一一〇年（西元2021年）十二月，「主典」的海水淡化及小水力發電應用等資料，已登錄在「日本東京電力公司」；俟審查通過，即可參與當地「核廢水處理項目」。盧順從表示，此系統若也能推廣於臺灣，「未來碰到枯水期，臺廠再也不用擔心缺水問題」。

（三）多層式風力葉片設置

　　有鑑於現有「風力發電機的風扇葉片」皆與扇葉座垂直，不易攔截斜面和側面的風，他則首創「多層式風力葉片設置」，設計各種不同傾角的葉片做補強，配合能正面攔截風力的各環繞葉片，有效提升風力運用效率，成為「風電抽水設備」的重要單元。

　　盧順從指出，一般居家用水得花錢向公家電力網購電，驅動馬達將地下水抽至屋頂水塔；一旦加裝「風電抽水設備」，當有風時，風扇運轉的動力可取代馬達，兩套系統輪流切換，達到節省電費；水若滿了還可釋出流回，利用高低落差發電和儲電，不斷循環發電。

　　盧順從說，人類過去使用火力、核能等污染能源已至少五十年，「風電抽水設備」可降低依賴，符合節能減碳的綠能發展趨勢。這套設備可DIY於住家組裝，也可配合海水淡化設備，應用在偏鄉、離島、高山、沙漠等電力難及地區，實現以再生能源供應淨水和電力的雙重功能。該產品民國一〇一年（西元2012年），已於印尼、柬埔寨等東南亞國家安裝，已達可量產之水準。

（四）風力太陽能發電儲能系統

當碳排放議題掀起全球熱潮，不僅企業對碳排及環保日益重視，家庭與個人也傾向落實綠色行動；此時，「風力太陽能發電儲能系統」，就是結合了兩項乾淨能源。風力和太陽能，可將大自然能源轉換爲住宅用電，甚至住宅若有多餘的電力，能再提供給電力公司；盧順從的這套系統，能讓每棟建築變身爲「迷你發電廠」，而引發討論。

盧順從不諱言說：「其設計初衷，就是要讓家家戶戶，都能夠自建發電廠或供應電動車充電樁的電力。」此設計有風力與太陽能的發電儲能系統，可應用在農漁業、國際救災醫療，或建置於偏遠山區、離島及家庭住宅，解決電力危機；並降低因火力發電造成的空汙、地球暖化等影響，創造人與環境的雙贏。

不過，「發明」之後，需要「製造生產」與銷售；尤其，銷售除了看市場之外，也需要整個「大環境」的配合。身爲「臺灣小水力綠能產業聯盟」一員的盧順從，也不諱言地指出：業界與民間的努力之外，仍需政府的支持。

爲了爭取政府制訂更合理的「躉購費率」（FIT），民國一一一年（西元2022年）一月十三日，「小水力綠能發電產業聯盟」（簡稱：小水盟）理事長洪正中率會員，出席經濟部於「張榮發基金會國際會議中心」召開的「2022年度再生能源電能躉購費率及其計算公式草案聽證會」，並在現場呼喊口號、爭取聲量；最後，常務理事陳曼麗前立委、韋峰能源經理管建明、小水盟秘書長林福如與主典興業董事長盧順從，上臺代表發言。他們呼籲政府：應獎勵推動、提升小水力躉購費率，才會帶進資金做技術研發及設備改良，有市場、廠商投資意願才會高；如果政府不給予獎勵誘因，所有新能源產業在萌芽期就只能觀望、產業化就遙遙無期，錯失商轉契機。

盧順從表示，環保能否紮根與家園是否永續，是需要產、官、學、民等，大家一起攜手來做，才可能臻至成功；他說自己從「發明」到「生產」，同樣最後還是需要「市場」，這一方面政府即具有關鍵性的影響力。

信仰的力量

本著「敬畏上帝是智慧的開端」的信念，盧順從一直都存在「榮耀歸主」的心；他目前還是「基督教長老教會臺中中會民族路教會執事」，也是「財團法人臺灣基督教長老教會臺中十字園」的董事。

「人有宗教信仰，才不會狂妄自大；敬畏有神，才不會做傷天害理的事」盧順從如是說。盧順從認為，「發明」不應製造汙染，而「善用上帝賞賜的再生能源」，就是「為基督徒關懷受造界留下美好見證」。

盧順從表示，自己的生活還算不錯，也能擁有美滿的家庭，「這一切都感謝主」；由於感恩，所以自己有一點小小成就，「自當奉獻」，發揚基督教的博愛精神。平日，沒有不良嗜好，也不追求享樂；工作之餘，他就哼一哼「奇異恩典」、「愛的眞諦」等歌，人生也就充滿喜樂。

而每當挫折來臨，他總是禱告，內心就得平靜，「往往事情也能得到解決」。開了四家公司，關了兩家，他也認為是「神的旨意」；不然公司虧損，員工權益也遭受損失。

身為炎黃子孫，盧順從也認為：中華文化最好的美德，就是「愼終追遠」；「若是中西文化融合，所有宗教互相尊重，共同為人類美好未來而努力，那是多美的一件事啊！」

人類的戰爭，不只是政治信仰的問題，也還有宗教信仰的問題；這在印尼以往也出現過。基督教與伊斯蘭教，系出同源卻水火不容；如今以色列與中東國家的戰爭，並非無解啊！自認非盲目的「大基督徒」，盧順從如此認為。

　　雖是基督徒，盧順從也引用了一個「輸非輸，贏非贏」的佛教故事：一位和尚上山砍柴歸來時，在下山路上，發現一個少年捕到一隻蝴蝶摀在手中。少年看到和尚說：「和尚，我們打個賭怎麼樣？」和尚問：「如何賭？」少年說：「你說我手中的蝴蝶是死的還是活的？你說錯了，你那擔柴就歸我了。」和尚同意，於是猜道：「你手上的蝴蝶是死的。"少年哈哈大笑，說：「你說錯了。」少年把手張開，蝴蝶從他手裏飛走了。和尚說：「好！這擔柴歸你了。」說完，和尚放下柴，開心地走了。少年不知和尚為何如此高興，但是看到面前的一擔柴，也顧不上細思，便高高興興地把柴禾挑回了家。父親問起這擔柴的由來。少年如實講了。

　　父親聽兒子說完，忽然伸手給了兒子一巴掌，怒道：「你啊你！好糊塗啊！你真以為自己贏了嗎？我看你是輸也不知道怎麼輸的啊！」少年一頭霧水。

　　父親命令少年擔起柴，父子二人一起將柴送回寺院。少年的父親見到了那位和尚，說道：「師父，我家孩子得罪了您，請您原諒。」
和尚點點頭，微笑不語。在回家的路上，少年說出了心中的疑問。

　　父親歎了口氣，說道：「那位師父說蝴蝶死了，你才會放了蝴蝶，贏得一擔柴；師父若說蝴蝶活著，你便會捏死蝴蝶，也能贏得一擔柴。你以為師父不知道你的算盤嗎？人家輸的是一擔柴，而贏的是慈悲。」

　　「輸、贏、賺、賠」，常常折磨我們，尤其自己身為一位「經營者」；「當自己以為贏了，其實可能輸了更多」。盧順從強調：我們不可能賺完全世界的錢，也不可能買下全世界。貪心、野心，才讓人類變得猖狂！話鋒一轉，他說：世界紛爭難道不是出於人心嗎？宗教使人心向善，而非使人心向惡；作為一個基督徒，我活著的每一天，除了「發明」之外，就是努力「盡心」！

面對未來

六〇年代末，盧順從在高中讀商科，看似跟「發明」不相關；但他說：讀「會計」要弄清「借、貸」關係、學「珠算」與「簿記」等，都需要有很清楚的腦袋，並且「邏輯」要清晰。這是跟「發明」一點都不相悖，而且還息息相關。從印尼來臺後，盧順從讀過「中臺科技大學」、「中興大學食品科學系暨研究所」，他說：自己從不爲了「學位」求學，而是爲了「發明」「也爲解決問題」求學。這即是盧順從不同於一般人的選擇。

而盧順從創業五十年以來，「念茲在茲」的，則以創新開發實用、環保之高產能產品，來做爲企業經營之核心競爭力；他引用經國先生的一句話說：「賺錢要正當，花錢要恰當」，來做補充。

盧順從的努力，促使「東海大學社會科學學院東亞社會經濟研究中心」成員，於民國一〇六年（西元2017年）六月七日，前來拜訪「主典」，希望向他「取經」。其實，盧順從覺得學術界也發心，共同爲人類美好將來而努力，不侷限於「學術的象牙塔」，而走向社會就是一件好事。

經歷窮苦的年代、從海外回到祖國，盧順從慶幸自己還算平順的數十年的生命歷程。對盧順從而言，人生的輸贏不在於物質方面的衡量，一如錢財多寡不等同於成功或幸福；生活還需要身心健康、人際關係、踏實感等眾多層面。真正的贏是：讓別人懂得欣賞自己的優點，自己也願意成全別人的美好；並且，在群體生活中，享受愛人與被愛的關係，一如在基督的世界中。

　　至於，如何回視過往，面向未來？盧順從笑笑地表示：有人說：「人生是一連串的選擇」。盧順從進一步解釋：的確是如此！大的選擇題：像是念哪一所學校與什麼科系、畢業後是進大公司還是自行創業、跟誰交友戀愛結婚；再來是做「頂客族」，還是要兒女成群……等等。而小的選擇題：充斥日常生活休閒裡「多如牛毛」，從一天睜開眼睛哪一腳先下床、出門走的路是天天一樣或要繞道而行、看到人是打招呼點頭還是閃避眼神……等等。

　　每個人所做的不同選擇，而決定了自己的命運與人生。然而，既是每人每天都在面對抉擇，那該如何做出正確的選擇呢？這卻是一個「難上加難」的問題。

　　盧順從想問：「以上種種選擇是出於慣性模式？還是由您鮮活的心智，來駕駛方向盤，做出的選擇呢？」他說：「我擇故我在。我珍惜每一個選擇，也感謝它們對我生命的回饋；選擇帶來挑戰，而挑戰帶來突破、充實、進步。我對上天充滿無盡的感謝！」

天無絕人之路

文/ 葉文生

數代單傳，突然間開枝散葉，變成一個大家族

每一個來到這個世界的人，都有他要完成的任務，不管做甚麼，都是一樣。不論你是公侯伯子侯，各有各的任務，有人含著金湯匙來到人間，享受人間美味，生活無虞，不管在家或出門在外，都被服侍好好的，直到老死。有人一生命苦，求一頓溫飽，都是奢望，更不要說是榮華富貴啦。

我出生在苗栗縣苑裡鎮火炎山的半山腰，以當時的環境來講，我的祖父算是當地富有人家，當過里長，後來又是伯父當里長，家大業大。祖父之前幾代都是單傳，所以，祖父剛結婚就先抱一個姑婆的男孩來養，他就是我的大伯父，可能這個方法奏效吧，接下來生了二伯父，三伯父，還有幾個姑姑，最後生我老爸的時候，在我老爸未滿月前，祖母就過世了。可能因為這個緣故，祖父把失去老婆的傷心事推到我老爸身上，因此，老爸非常沒有祖父的緣。

在傳統的習俗上，祖父在百日內，又迎娶了第二任阿嬤，這位阿嬤接連又生了幾個姑姑和叔叔，後來這位阿嬤又過世了，再來一位我見過的第三任阿嬤，這些故事是在我長大以後才知道的事。所以，我爸總共有七個兄弟和六個姊妹，講起來我家是一個大家庭，住屋也很大，客廳，廚房。住房就有四棟土屋和磚房，光是廚房就有十幾坪。吃飯時，能工作的男人，都可以在客廳吃飯，像我們這些囡仔和女人，只能在各房外面的空地上煮各自的菜，公家提供米飯。因為阿公是地主，在那個物資缺乏的年代，我家不缺米飯，至於菜色，那就要看各房女人的娘家和本事了。

小時候，站在曬穀場上，雙眼所能見到的山和稻田，全是我家的，包括山谷的小河流。小時候就常常跟兄弟在河裡抓蝦，所有的玩具都是自己做的，所以完全免費。雖然我生長在一個大家庭，可是，我的個性比較孤僻，通常都是獨自一人獨來獨往比較多，話也不多，這就像大家所說的個性內向吧。

家大業大，家務須嚴格管控，嚴父出孝子？

雖然阿公是有錢人，為了管好這個大家庭，阿公採用嚴格的管理方式。那個年代，吃得飽沒問題，畢竟魚肉也只有過年過節才有機會吃到，而且，量很少。在我爸七十三歲得癌症末期，我才問了老爸一個多年不敢問的問題，那就是，為什麼三十多歲已經生了好幾個孩子了，還被我的祖父用藤條毆打？

這事是由我媽回答的，在老媽生大哥的時候，因為奶水不足，老爸就跑去穀倉裡偷了兩斗稻穀去賣，以換取早年的奶精，帶回來給我哥吃。現在來講，這根本就是小事一樁，可是我爸傻傻的，拿稻穀去賣給親戚，消息傳到祖父耳裡，非同小可，我爸就被叫到大廳去毒打一頓，這是第一個原因。另一個原因是，我們這一房的小孩，和五叔的小孩若有打架，我媽和五嬸，兩個大人就會吵架，因為五嬸的爸爸是小學校長，很有地位，倒楣的就是我媽，也常常被祖父修理。就因為這些緣故，我媽在懷我的時候，時常會害怕而躲在房屋後面的水溝，好像小媳婦的樣子，真是可憐，也可能是這個原因，我小時候就營養不良，常常昏頭轉向，像是生活在虛幻當中，眼前會有不明的影像飛來飛去，但是也講不出所以然來，這些現象我也不敢跟父母提起，只能自己承受。

早年婦女生產，都是請產婆到家裡來接生，不像現在有婦產科醫生，很方便，我是1950年年底出生的，爸媽都想，經過幾個月的觀察，若是我可以養活了才去申報戶口，所以我的身分證上的生日是1951年三月，相差了三個多月。

為了讀書，走路到學校，四公里的路程，需要一個多小時。

　　小學離我們家大約四公里左右，上學時必須靠兩隻腳走路，以小學生的腳程，要花一個多小時。在冬天時節，大約五點多天就暗了，鄉下漆黑一片，前途茫茫。因此，我們會用竹筒裝上媒油，自己做火把，上學時把火把藏在半路的草叢中，放學後，才拿出來使用，當年的求學過程相當辛苦。

　　我們這一代是戰後出生的嬰兒潮，國民黨被共產黨打敗，逃來台灣，又實行四萬塊換一塊錢，導致平民苦哈哈，我們家還好，有飯可吃，很多同學都很難餵飽肚子。所以有美國支援台灣的案子，我們統稱為美援，我有享受到的是牛奶。但是因為我沒有杯子，每次等同學喝完，我借到杯子的時候，牛奶已經被喝光了，我也不敢跟老師說。最有名的笑話就是，有人用美國支援的麵粉袋子，剪來做內褲，上面就印著【中美合作】。

　　小一的時候用的是鐵製的鉛筆盒，我沒有書包，只用一塊四方形的布把書和鉛筆盒包起來綁在腰部，你知道因仔走路會一起嬉鬧，不小心摔倒，把鉛筆盒壓得扁扁的，從那以後到現在，我未曾再買過鉛筆盒，至於鉛筆，寫到很短了，用刀片把筆心剖開，插到小竹子裡繼續使用，物質缺乏的時代，真是可憐。

　　早年，學校有分班上課，成績較好的學生編在一班，叫做升學班，其他成績較差的編在一班，叫做放牛班。因為我的成績不錯，所以我是在升學班上課。但是教育主管單位會到學校糾察，說是學生不能那樣分班，因此，我有兩個班，甲班是上課班，丙班是應付督察檢查的班，現在想起來，當年教育單位就在教導學生作假，真的非常不應該，也因為成績好，所以六年級時，曾擔任升國旗的升旗手。另外，當年正逢推動國語運動，在學校禁止講台語，老師安排我做糾察隊，巡視整個學校，查看有無同學講台語，若發現了，就將他的名字記下來交給老師，是否有罰錢，我就不知道了，那不是我管的地方。有趣的地方是，有些同學會自己拿國語的字拼湊在一起，但是唸起來卻是台語的意思，譬如說甲貴問導油(台語是吃糕沾醬油)，或許這是對政府嚴禁台語的一種抗議吧。

　　我記得非常清楚，小學六年級時，我們的音樂課，體育課，會話課都沒有上，全部拿來上要考試的科目，譬如算術和國語。幾乎每天都有隨堂考試，考完後馬上把考券前後座位同學對調評分，錯一題打手心一下，以此類推，老師打學生，打得不亦樂乎，所以，有些同學會想一些對策，就是挨打前，拿一塊薑把手心塗一遍，這樣，打起手來比較不痛，不知真或假。

　　放學後，全班留下來補習，一個月的補習費十元，我不知道是貴或便宜，可是每個月底老師都會盤點尙未繳費的同學，我都是其中一個，拖拖拉拉才向我老爸要十元繳補習費。那年頭，鄉下還沒有電，根本就沒有電燈。冬天最是辛苦，五點時，天開始暗了，根本就看不清楚老師在黑板上寫的字，但，奇怪的是，班上竟然沒有一個人戴眼鏡，大家的眼睛都非常的健康，大概是鄉下的環境好的關係吧。當時，小學畢業經過考試才可以讀初中，我們的小學有十一名保送生，也就是這排名在十一名內的學生，免考試就可進入初中就讀，我的成績還不錯，就在其中。

農業時代，要吃飯就要工作

　　農業時代，生活困苦，囡仔都要幫忙下田工作，我大約十歲就需要到田裡工作了。因爲四年級時，上一代各房分家，所以我們搬離了出生的火炎山山腰的大房子，來到隔壁里，遠離了山。爲了增加家庭收入，家裡開始種植洋菇。九月開始，將稻草或提煉過香茅油的香茅草剪斷加水，堆成草堆，讓它腐爛發酵，大約兩個月的時間，讓它轉化成類似有機肥，然後堆積到竹子所搭成的架子上，種植洋菇。洋菇的產期大約是十月到次年的二月左右，正好是冬天，如果遇到產量大時，半夜十二點就要開始採摘，直到第二天七點左右，根本就沒有時間睡覺。用過早餐後，匆匆忙忙騎腳踏車去學校，整個苑裡鎮，只有一個苑裡初中，離家八公里的路程，大約需要一個小時，因爲是石頭路，馬路不平，速度也快不起來，經常到學校時都已經在升旗了，趕快進入到班級的隊伍去，可能是因爲營養不良和太過於勞累，站不到幾分鐘，就有快要昏倒的感覺，這種情形經常發生。

受苦受難的童年生活和對死亡的認識

在冰冷的冬天，用手去採摘洋菇，使得手指頭跟著冷凍，所以，我的右手中指第二節凍傷了，腫起來，內部化膿。沒有去看醫生，就由堂姊夫拿一把小刀，直接幫我指頭切開，讓濃流出來，再塗上紅藥水，連用酒精消毒都沒有。今天，生命能夠留下來，真是慶幸啊。初中一年下學期，開學後，才知道，我的好同學黃增潭，在寒假的時候，在家裡幫忙採摘香菇時，竹棚架崩塌，活活被壓死了，真的很可憐。

與四弟在家門口鋸木頭

高中的好朋友陳美利與文生畢業旅行

上有政策，下有對策和我的叛逆過程

初中二年級我被編到忠班，也就是升學班，有一位鍾秋雄老師，他是台北工專畢業，剛剛退伍，來教我們的理化，第一天上課，他自我介紹，一開口就說【本人是台北工專畢業】，所以，我們就幫他取一個綽號，叫做【本人】。

在二年級升三年級的暑假，我爸說田裡的工作很多，叫我不要去學校補習，我從小就很聽話，從不會跟父母說NO。因此，整個暑假都在家裡幫忙割稻，犁田，插秧，除草。等到三年級開學後，到了學校才知道，我原來在升學班的忠班，竟然把我編到義班，也就是放牛班。這時，我無法接受，因為，我想要考師專，如果在放牛班上課，要考師專，根本就沒有機會考上。我很清楚，家裡沒有錢可以讓我讀師專以外的學校，讀師專除了免學費，住宿不用錢，還發零用錢當生活費。

我為了回到原來的班上課，我去找二年級的導師，去找教務主任，去找註冊組長，都沒有用。大約過了一個多月，左思右想，我的未來，可能無法參加升學考試。我決定去找校長，我問了同學，校長的住處。那一天，放學後，我騎腳踏車去尋找校長的家。當我按了門鈴之後，校長自己出來開門，就在門口，校長穿著白色內衣和白色內褲，連外褲都沒穿。

校長：甚麼事？

我說：報告校長，我是葉文生，因為我沒有參加暑假補習，三年級被編到義班，這樣會影響我考師專，可以幫我調回原來的班嗎？

校長：不行，你會跟不上。

我說：報告校長，我覺得我有一點小聰明，學業我一定跟得上，沒問題的。

校長：不行！不行！

　　　我垂頭喪氣，離開了校長的家。這件事情我沒有讓我的父母知道，是我自己處理的。

　　我的個性溫和，但很固執，從小都聽從父母的話，可以說是一個乖寶寶，可是這次，我的表現，現在想起來，有一點不可思議。上有政策，下有對策。這個時節，大概已經過了一個月左右。第二天上課，我把我在義班的桌子和椅子，自己一個人搬到忠班，放在最後一排，就在那裡繼續上課，也在那裡考試，相安無事。約莫過了一個月，二年級的鍾秋雄老師來找我，(我不知道為什麼不是其他的老師)

鍾老師：葉文生，你過去一段時間，曠課超過 18 個小時，依照校規，學校要開一個校務會議來處理，你有甚麼話說。

我回答：報告老師，我每天都有來學校上課，只不過，我在忠班上課，不是在義班如果我在義班上課，我無法參加高中聯考和師專考試。

鍾老師：這個我知道，好，開會的時候我會幫你講話。(開會結束後，鍾老師又來找我。)

鍾老師：開會的時候，我有幫你講話，我問你，你願不願意跟學校妥協？

我回答：老師，甚麼是妥協？

鍾老師：這學期已經過了兩個多月，你可不可以乖乖地會去義班上課，等過年後，也就是下個學期，學校再幫你調回來忠班，這樣你可以接受嗎？

我回答：喔，好。

鍾老師：很好，不過，如果依照校規，曠課超過18個小時，是要開除學籍的，因為你過去成績不錯，可是校規也要處理，如果記你一個小過，交代一下，你可以接受嗎？

我回答：報告老師，這件事情，從頭到尾都是學校的錯，我每天都有來上課是大人在欺負小孩，小過我可以接受，即使記大過我也不在乎，因為我根本就沒有錯。

鍾老師：好，那就這樣。

我回答：好的，謝謝老師。

　　事情圓滿解決，就照著鍾秋雄老師說的，過年後，我就回到了忠班上課，我的父母完全不知道他們的兒子在學校發生了甚麼事。

同樣的事
有不同的處理方式

這是發生在1965年秋冬之間，我的故事。當時，跟我同樣被分配到義班的，還有另外一位同學 L 君。在 2015 年左右，這位L君來桃園龍潭找我，我請他吃飯，在聊天的過程中，很自然的碰觸到這個問題。當時，我獨自搬到忠班上課，他乖乖留在義班，過年後，我們兩個都調回忠班。結果一樣，但是過程不同。我靠的是獨自抗爭，他說他的媽媽買雞和送禮去給老師，他用傳統賄絡的方式，我用的是反抗威權的方式，同樣可以達到目的。話說回來，義班的導師是一個從中國雲南來的金效魯老師，在學校裡他是出了名的嚴格，他教地理，上課都帶一支一米八左右的藤條，打起學生是不用客氣的。雖然他很兇，可是，我並不怕他，也可能是我的成績不錯，那個學期的操行成績，即使記了一個小過，居然還給我評定甲等，在成績通知簿裡寫了一句話，【浪子回頭金不換】。

下學期正在準備升學考試，庶務組的陳幹事來找我，他怎麼知道我被記了小過，他說服我每天中午吃過飯，去幫他做事，整理文件，期間一個月，他可以幫我記一個小功，去補那個小過，我呆呆地答應他。午餐後同學都在睡覺休息，我還要去幫別人工作，影響到我的升學考試。

1974大三出遊帶活動

初生之犢獨闖繁華的台北
天無絕人之路

畢業後，聯考前，我想到台北堂哥家，當年堂哥在大安中學教數學，住在台北師專對面的成功新村，他可以指導我的數學。這是我第一次上台北，人生地不熟，我老爸拜託一個堂姊帶我去北找堂哥。我向大姊借了一個黑色大皮箱，堂姊和我坐著普通車，花了四個多小時到了台北。堂姊是在上海路幫人家煮飯，他不好意思去堂哥家，就在台北火車站前，送我上了 15 路公車，他交代司機，到了台北師專時叫我下車。一個鄉下小囝仔，來到繁華的台北，東西南北都搞不清楚，如何走下一步。

終於，師專到了，司機叫我下車，我心想茫茫台北市，我要去哪裡找堂哥啊。下車後，放下皮箱，蹲在地上，不知何去何從。當我站起來的時候，聽到有人喊叫我的名字，頓時大驚，抬頭一看，竟然是我的另外一個堂哥，他就讀台北師專。他問我為什麼來台北，我告訴他原委，我問他為什麼在這裡，他說他和同學要去理頭髮。當時，我差一點哭出來，要不是堂哥出現，人海茫茫，第一次離家到台北，我要去哪裡找堂哥的家啊，假若沒又遇見堂哥，我是否會去流浪台北街頭，真的非常感謝老天爺的安排和幫忙。

一個月後參加台北市的高中聯考，學校總共有七個同學參加台北高中聯考，七個全部都考上高中，我是考到北投的復興高中。堂哥跟我說復興高中是太保學校(很抱歉堂哥這樣說)，怕我學壞了，叫我不要去註冊。原先我第一志願是要讀台北師專的，可是，我並沒有考上，工專聯考也沒能考上台北工專和明志工專(差一分，明志工專工讀有薪水可領)，最後，不得不回家種田。

大家都知道農人種田非常辛苦，夏天即使大太陽，滿身大汗，冬天極冷，即使渾身顫抖，仍須下田工作，這些，我都可以忍受，只是，我的人生只是一個農夫嗎? 當然，我心有不甘。所以， 1967 年五月，我向老爸提出，我不想種田，我要再去台北讀書。我的父母沒有意見，倒是我的大哥不肯，因為家裡有一甲多的田，如果我也留在鄉下，兩兄弟大約分擔一半的工作量(我可能少做一點，大哥的手腳比我快)，如果我去讀書，全部要大哥做，這個我了解，但又不甘心這一生我只當一個農夫。我也知道大哥不讓我去讀書的另外一個原因，當年他要去考花蓮師專，我姊姊因為擔心花蓮的颱風和地震，不贊成他去考，後來去考台中師專，沒考上。

碰到困難，尋求援助

為了讓大哥答應讓我去台北讀書，我請了堂姊夫，請祖父，又請在台北認識的一位同宗，他爸爸是苑裡國小的教導主任，請他幫忙說服我大哥，結果都是否定的。最後，我做了一個選擇和決定，不管大哥同意與否，我不管了，就是要離開，重新回到台北堂哥的家，經過一個月的努力，我還是沒有考上台北師專和台北工專，只是考到師大附中夜間部，好像註定我有讀大學的命。

附中夜間部是我的第五志願，我知道我老爸沒有錢可以讓我讀書，所以，我跑去跟祖父說明，感謝祖父答應借我2000元，我就帶著這借來的2000元，到台北讀書，註冊費是1050元，買書以外剩下幾百塊錢，我竟然可以讀到大學畢業。我向祖父借的2000元，在祖父91歲生日時，我已經上班工作了，我還給了他，沒有算利息，其實，我也沒有想到。

展開人生的另一段路程

我帶著向阿公借來的兩千元到台北，展開了我人生的另一段路程。我的大姊和二姊，為了生活到台北幫人織毛線衣，公司在林森北路亞士都飯店旁，租屋在八德路的啤酒廠附近，我去跟他們一起住。房子大約只有兩坪，只放一張上下舖的床，我睡上面，兩個姐姐擠半坪的床，我真不知道他們是怎麼翻身的。

師大附中夜間部只有四班，我被編在十三班，上課時間從下午四點半開始到晚上九點。我跟學校教官報告我的狀況，我需要工作賺錢過生活和付學費。教官很貼心幫我和其他五位同學介紹到臨沂街的警察畫報當工讀生，工作內容是把畫報折好裝入信封袋，送到台北郵局寄給客戶。有時會跟大人一起去外面沿街向商店募款，我記得去了三重好幾次。

老闆是一個基督徒，教堂就在警察畫報社的對面，有時，老闆會帶我們去教堂。有一天，他問我要不要受洗，我就寫了一封信跟我老爸說明，我老爸回信說尊重我自己的意見，所以，我就受洗了，成了一個基督徒。有一個菜販會推三輪車來賣菜，那個年代大多是賒帳，一段時間後再結帳，我的老闆買菜時講一次價錢，結帳時又叫人家降低金額，我心想他怎麼會欺負一個菜販。另外，我們六個同學工作一個月後，都沒有領到薪水，慢慢的一個一個離開，只有我一個笨蛋待了差不多待了三個月，為了工作方便，我搬到臨沂街附近，和兩個大人同事分租床位，因為沒有領到薪水，我都沒有付房租，我搬離開時，他們兩人還各別給我一百五十元，真的非常感謝這兩位善心人士。我心想，為什麼有基督徒的心是這樣不老實，不只欺負菜販，也欺負我們小孩子，因為這種認識，我再也不相信基督了。

20150724 桃園市閩南文化節演出

2007年溫哥華台裔傳統週和洪瑞珍老師演出

貴人相助

在警察畫報社工作沒有領到薪水，農曆年時，貴人來相助。我的堂哥原先在大安中學教數學，他被調到台北市教育局，主管業務是升學補習班，所以，堂哥就介紹我去信陽街的聯合升高中補習班，面見老闆楊義堅，他的頭銜是主任，所以大家都稱他楊主任。楊老闆評定我的月薪是四百五十元，我非常高興，終於可以養活我自己了，我的主要工作就是掃掃地，做一些小弟的工作。

那年頭，台灣還處於農業時代，經濟很落後，謝東閔先生有一個叫做客廳即工廠的政策，慢慢地，人民的生活有一點改善。上班過了大約兩個禮拜，楊主任找我說補習班最近裝了大型冷氣，進氣口的過濾網需要每個禮拜清洗一次，總共有七台，這個任務就交由我來執行，薪水加一百五十元，因此，我這輩子第一次領到薪水是六百元，非常感謝楊主任的照顧。因為有中鰻部的學生來補習，所以補習班有幫學生準備宿舍，楊主任叫我住進去，順便管理那些小弟們。就依賴月薪六百，讓我能夠附生活費和學費，直到高中畢業。

高中三年生活值得懷念

高一上學期的時候，有一次考試，監考老師因故無法趕到，班長劉茂雄(後來中山女中的數學老師)拍胸保證他來監考，絕對沒有人會作弊。那一節的考試，我發現教官來巡視了三次，感覺同學都很自重，沒有人作弊，就因為這次的事件，我們這一班，臺灣師範大學附屬中學夜間部十三班得到一個非常特殊的稱號叫做榮譽班。一直到高三畢業，我們這一班的任何考試都沒有監考老師，我想，全世界應該找不到第二個例子。高三畢業旅行，劉安愚校長還跟我們一起去鵝鑾鼻旅行，可見得，校長很喜歡我們這一群可愛的學生，此事，影響著我這一生。

大學時與外甥和外甥女合照

雖然我家有田有地，但是沒有現金，情況跟窮人是一樣的，來到台北讀書，我非常珍惜，白天工作，晚上上課，時間非常緊湊，所以，我很用功讀書。同學們休息時間可以去打球，聊天，我都需要用這幾分鐘的時間趕快複習，不然，我怕跟不上。在上兩節課以後吃晚餐，我時常吃一個麵包加一碗綠豆湯就當做晚餐了，正在成長的時候，真的是營養不良，我以我的身材從高中到現在都差不多。

高一下學期，國文老師在班上宣布，說有一個同學很屬害，從課本裡面隨便抽三段出來默寫，出奇的沒有一個錯字，其實，老師說的就是我。我倒是覺得奇怪，你們這些台北人，不需要工作，又有很多零用金，為什麼都不喜歡讀書。(我最要好的同學，每個禮拜的零用金是五十元，他一個月的零用金是我薪水的三分之一)。
為了增家收入，我透過老闆同意，取得補習班一些升高中的參考書，和我去玉兔牌和雄獅牌大量買來的原子筆，以及去批發英文雜誌社的讀者文摘，加上一些被國民黨禁止的黨外雜誌，放在補習班前面的走廊賣，這樣，多少也讓我賺了幾百塊錢，非常感恩老闆的寬宏大量，在艱困時期，必須要自己想方設法改善生活條件。

我選的是讀理工科，因為我的物理化學還不錯，高三時還狂到去買一本物理的原文書來看，順便訓練我的英文，大家都努力準備大學聯考，我竟分心去讀外文書，現在想起來，真是太狂了，還自我挑戰。

狂人的後果

果然沒有錯，聯考放榜後，我只錄取了逢甲大學的機械系。那時候要讀大學，需要辦緩徵，也就是說去公所兵役課申請緩役證明。我爸去跟街上殺豬的先借三千元(等我們養的豬長大才賣給他抵債)，再跟一位堂哥借三千元，湊足了我的學費。註冊當天早上九點，我從苑裡搭公路局去台中逢甲學院(那時尚未改制大學)，時間已是十一點半，我趕快辦理註冊手續，繳了緩役證明，到第三關要繳學費了，承辦小姐說中午休息吃飯，叫我等到大四全部註冊完畢再來補註冊，要我先住到宿舍去。當天晚上，我睡下鋪，上鋪一位同樣是師大附中日間部的同學，兩人一直聊天，越聊越不對勁，我的成績不錯，為什麼只考到逢甲機械系，越想越不滿意，第二天早上，就打包回家了。我報考大學的第一志願並不是台灣大學，因為我根本就不敢奢想台大，我的第一志願是清華大學的核子工程學系，因為高一時我去南海學園觀看核電展覽，我就對核工系有了興趣。

🔍 再接再厲

重新回到台北的聯合補習班，一面工作，一面準備重考大學，第二年考上了淡水的淡江學院(後來改制淡江大學)，電子計算機科學系。這一次，我去唸了。仍舊住在補習班的宿舍，上下學搭乘火車，單程要花一個多小時，從淡水火車站走路上山也要十幾分鐘。那時，大家都要爬【好漢坡】，大約有一百多個石頭階梯，我記得我數過，不過已經忘了多少。一些有錢的公子哥兒和公主就搭計程車，車資一趟十元，當年的計程車暱稱【太可惜】。

搭火車使用學生月票比較便宜，暑假剛開始就有高中聯考，為了多賺一點錢，我想去報社購買剛考完的解題，拿去販賣。為了趕時間，我想用月票從前站進去，從後站出來比較快，可是，當我要出閘門時，被攔了下來，因為月票已經過期，不能使用。一塊錢都還沒賺到，就被罰了三百元，相當於我半個月的薪水，真是賠了夫人又折兵。

1970年代，乘客排隊上下車的習慣還未養成，所以當車子到站，大家都爭先恐後擠上車，很多人從外面把書包，或其他物品從月台扔進座位佔位置，那時的文明尚未開啟，不像現在，人的素質提高很多。我就讀電學系，算是非常先進，學校使用IBM1130當輔助教材，這台電腦有一個教室大，人與電腦的溝通介面是卡片，一個九九乘法表，需要一百多張卡片打卡完去做輸入動作，電腦可以把九九乘法表由印表機印出來，大家也都有印出蒙娜麗莎的微笑那張圖。在火車上非常擁擠，我忽然有一個想法，我利用乘車的時間來練習九乘法，在一個多月的時間裡面，我可以背出來從1自乘到104自乘，並且從中發現他的規則性，很快可以得到答案，我常說我的腦袋都胡思亂想，不滿於現狀，會想有無甚麼方法改善現狀，這也是我學理工的原因。

淡江一個學期有兩次段考和一次期末考，第二學期第一次段考，我考了105分，據說是全校第一名(總共兩班110人左右)。那次考試主要的內容是電學和力學，這兩個我都很有興趣，所以得分較高，其他我認識的同學很多人都考三四十分，聽說很少人超過六十分。那段時間，如果考試的成績不理想，教授會開根號乘以十，當作你的成績，這位教授比較懶，他以滿分120分，你考幾分就算幾分。這次考後，我變成了名人，同學有問題都來問我，好像我是助教一樣，我也樂於幫助同學解答，不亦樂乎。但是，第二次段考後，教授宣布成績時，他當眾宣布，【我要好好找這個同學的爸爸談一談，上次考全校第一名，這一次竟然變成全校最後一名】，我只拿到18分。我沒有看到考卷，我也覺得奇怪，為何只有18分。不過，還好，平均還有61.5分，比其他同學高很多。

我真的讀不起私立學校

雖然我的功課不錯，我對於讀淡江還是不滿意，所以就讀以外，我又積極地準備重考。第三次大學聯考，我終於考上了海洋學院(現在的海洋大學)航海系。我連辦淡江的休學手續都沒有就直接去基隆讀海洋學院航海系，我相信其他同學，大二時會很驚訝，為何一個同學突然不見了。因為已經在淡江讀過一次，所以，海洋的大一，讀起來輕鬆愉快，第一學期得到班上第一名，終身第一次也是唯一的一次領到學校的獎學金三百三十三元。不知為什麼，我那時的英文出奇的好，英文教授王英烈常叫我去表演我的英文(可是，現在我的英文爛的一踢糊塗，都忘光光了)。在此，附帶講一個故事，我上班後第一個工作半年後，公司派我去美國接受十個禮拜的訓練，在桃園機場，讓我遇到了王英烈教授，他已忘了我，但我記得他，他已經七十幾歲了，所以，從桃園機場到美國舊金山，我拉了兩個行李箱，一個是教授的。

大一剛開學我先住在大阿姨的兒子，也就是表哥家，他在台船工作，當苦力，搬運貨物上下船，我借住在他家，是基隆的中山二路的半山腰，那些房子都是木板的違章建築，矮矮小小，只能遮風避雨，因為免費，我無從選擇。為了省錢，我從學校搭公車到基隆火車站後，全程走路到中山二路，大約要花半個多小時。一兩個月後，跟同學分租義二路。有一個機會在愛三路接獲一個家教，教兩個國中學生的英文，數學和理化。這兩位，一個普通，一個稍微遲鈍一點，但是比較努力。在結束上課時，他媽媽會從外面叫一碗大滷麵給我吃，非常的感恩，這家店是賣金銀首飾的，在我上班後想去拜訪感恩，但已找不到位置了。

大二以後，住在大阿姨的小兒子家，在台北光復南路鐵路旁邊。表哥從事黑手的鐵工廠，那時他開始嘗試修理挖土機，房間離鐵路只有約三公尺，火車經過的聲音，大到嚇人，我才知道，為何住在鐵道旁的人家都生很多孩子。後來表哥娶我的二姊，變成我的姊夫。姊夫的工廠後來搬到撫遠街堤防外，因為他不認識字，因此，邀我幫他記帳，順便收帳，做一些外務，每個月給我八百塊錢當生活費。當我遇到困難的時候，都會有貴人出現，協助我解決問題。

戒嚴時期，讀大學會被學校教官要求加入中國國民黨，為了避免麻煩，我加入了國民黨。我的個性內向，不擅言詞，人際關係也不好，這一點我非常清楚。大一快結束時，有一位同樣是師大附中畢業的學長來找我，要我去學校活動中心擔任一個職位，我心想，這樣也好，趁此機會看看能否改變我的個性。所以，大二開始，我去接了聯誼委員會的副主席，主席是一位羅姓學姐。第二學期換我當主席。天啊，底下有一個女生聯誼會，一天，他們要開會，邀我這個毫無經驗的人去當上級指導員，還要上台致詞，老天真的跟我開玩笑，現在想起來，當天我是如何的胡說八道，發抖到不行。

第一次大難不死

大一下學期即將結束，期末考剩下最後一個科目，中間空了一天，我們四個同學相約到海邊戲水，那是一個海灣。從小在家裡我們兄弟是禁止玩水的，雖然家門前有小河和三個大池塘，我根本就是旱鴨子。同學有帶蛙鏡和蛙鞋借我使用，我不敢到深水區，只是在腳可以踏到的地方撿貝殼，泡泡水。大約到五點多，大夥兒覺得差不多了，要結束時，我們已經繞過了海灣，大家一起決議，不要走回去，而是用游的方式橫渡海灣，我估計兩點的距離大約有數百公尺。四個人中只有我一人不會游泳，為了安全起見，我建議四人分成兩組，可以彼此互相照顧，尤其是我。我心想我有蛙鏡可戴，有呼吸管可以呼吸，有蛙鞋，再怎麼樣，也可以到達對岸。兩位同學在前面，我們這一組在後面。當我兩腳一蹬，遠離岸邊後，我發現熱帶魚真的很漂亮，海水非常乾淨，海草，石頭，魚，景象實在太美了。

就是因為海水太過乾淨，讓我發現，怎麼這樣深啊，這時，引起了我的恐慌，轉頭想跟後面的同學說話，因戴著蛙鏡，無法出聲，越讓我心驚。這時，後面的同學感覺情況有異，趕緊用左手抱住我的腰。然後，我就不省人事了。不知多久以後，我覺得好像頭浮出水面，趕快吸一口氣，接著又昏過去，這種現象有兩三次。這時，我突然有面對死亡的感覺。聽說人在死亡前，這一輩子的經歷，會一一快速地重新走一次。內心想，我的年紀才二十出頭就要死了，心有不甘。有好幾個現象快速地閃過腦海。

第一，我要去當海龍王的女婿了。第二，明天的報紙會登出來，某某人去海邊戲水溺斃。第三，曾經在報紙上看過，溺水時通常會死兩個人，就是救人的和被救者，如果我想要活命，我絕對不可以去抓抱我的同學，所以，我的兩手就放鬆，也可能那時已經很累了，沒有力氣。事後聽說，前面兩人在岸上回頭看，我兩人不見了，他們以為我們潛下去撿貝殼，時間一久，感覺不對勁，又游回來，三個人把我拖上岸上，平躺在石頭上面，開始壓我的腹部好幾次。似乎聽到有人說，糟糕了，為什麼沒有吐出水來。我茫茫中回了一句，我好像沒有喝到海水，這時，他們一起喊，活了，活了。在此，非常感謝，把我從鬼門關救回來的三位同學。當然，這種事，回到學校，沒有人敢說出去，若學校知道了，是會被處分的。

第二次大難不死

由於我戴眼鏡，將來無法擔任船長，所以，大二時我去參加轉系考試，順利轉到電子工程學系。很奇怪，大三時莫名其妙被推舉為副班代。我計畫辦一次郊遊活動，女生由班長邀請，我負責路線規劃。想要探勘路線，我向姊夫借一輛腳踏車，獨自一人，從台北騎到淡水，金山，陽明山，回台北。一路還很順暢。在陽明山公園回台北的仰德大道都是下坡，斜度也很大，在加油站上面一點，腳踏車的剎車出了狀況，我情急之下，跳下車，一個人直接趴在地上，胸部碰到腳踏車的踏板，非常痛。還好那時車少，如果後面跟著汽車，後果不堪設想。爬起來後，到加油站休息，正好有一部發財車來加油，我請求司機載我下山，在此，感謝那位幫我的陌生大哥。

第三次大難不死

畢業後，我沒有考上預備軍官，直接到台中車籠埔，從中華民國最小的二等兵當起。不過，還算幸運，結訓後

分發到陸軍飛彈部隊的後勤兵工廠，主要的任務是做雷達的敵我識別器的保養修護工作。我們的基地在台南六甲。有一天出任務去大崗山修雷達，出門是由一位上兵開三噸半的軍用卡車，帆布下坐著其他五六個阿兵，包括我。二十幾歲的阿兵，在大崗山下山的路上，看見路旁有一個漂亮的小姐，司機提起右手吹口哨，眼睛又看著妹妹，一時間轉彎的路上，無法控制方向盤，連續左右碰山壁，全車人大驚，我心想，這下完了。經過數個彎道，車子衝出路旁五十公分左右的山溝，大約二十幾公尺，撞到一顆直徑約三十公分的大樹才停下來。驚魂甫定，大家下車察看，老天爺啊，樹的前方三公尺是斷涯，要不是這棵樹擋住了，若車子掉下去，可能無人能夠活命。檢查車子，水箱破掉了，無法繼續開，他們只好打電話回去請求救援。

第四次大難不死

退伍後，我到一家醫療儀器公司擔任技術部主任，負責醫院儀器的保修工作。一位同事幫我介紹一個女子，開始談戀愛。這一天是禮拜六下午，她打電話給我，說快要下班了，叫我去公司接她。好高興，騎著我那台二手的YAMAHA100從敦化南路直奔南京東路。在信義路口突然間失去了意識，躺在路上，不知經過多久，我醒過來，搖一搖雙手和雙腳，還好，都還在。我慢慢走向人行道，有人喊說我的左腳流血，我低下頭去看，哇！小腿褲子破了一個洞，這時我才開始覺得痛。有一位年輕人走來我的面前跟我說，他搭的那一部計程車司機違規左轉，撞到我，司機想要逃跑，他制止司機跑了，押著他來找我，把司機交給我才離開，非常感恩這位見義勇為的帥哥。司機送我去仁愛醫院接受醫治，醫生消毒以後用紗布包紮完畢，我到櫃台等候。這時來了兩個警察，問說剛剛敦化南路信義路口車禍的受傷者在哪裡，我說是我，警察問我，傷在哪裡，我把褲管掀起來給他看，這個警察說，你的機車都撞爛了，你怎麼才這一點小傷。我心想，你要我斷手斷腳嗎。

最後，我只要求司機負責我的機車修理費用，其他我個人不要求賠償，他一直說他是窮人家。在當時，政府並未要求機車騎士戴安全帽，我在 1978 年去美國受訓時，看到美國人騎車都戴安全帽，回到台灣，我自己就去買了一頂戴，也因為這樣，這頂安全帽救了我一命，因為安全帽的後面和側面都有磨到柏油路的痕跡，如果我未戴安全帽，可能我的腦袋瓜在摔地時就破了，真是好佳在。

在我的人生經歷上，多次的轉折，有高峰，有谷底，有困難，有峰迴路轉，所謂柳暗花明又一村，就業以後在職場上也是一樣，充滿哀傷與驚喜，可是，非常精彩，我認為我是天公生的、眾生養的，只要我保有一顆赤子之心，我心不驚，魂能定，對得起我自己，足矣。

20150529彰化月琴班

人生故事

文/ 洪珈柔

懵懂的年少時光，27歲的我以一顆純眞的心嫁入了他的家庭。那時，我只是一個揣懷夢想的單純姑娘，對未來充滿了憧憬。而他無微不至的呵護與疼愛，爲我開啓了人人稱羨的生活。

婚前我們便拿了小小的積蓄買了自己的房子，當時買下竹北數一數二建商的大坪數房子，還有一輛還不錯的進口車。生活中的每一個細節都是如此美好，像是一幅幅幸福的畫面在我們的生命中徐徐展開。自小嚮往婚姻生活的我 每天沉浸在幸福感裡，偶爾兩人下班後喝點紅酒 特殊日子裡悠閒地在家裏頭，就能欣賞戶外整齣煙火秀，那時的他廚藝精湛，常常由他做著飯兩人享受著美食，在諾大的新房裡，一切似乎都是那麼的完美。

一年半後幸福的生活並沒有停止，而是更加豐富了。我們迎來了愛的結晶，那是生命中的一份美好。我渴望孩子愛孩子，孩子的出生讓我們的生活更加充實，一個呼吸、一個動作、一個微笑都牽動著我們的心觸動著我們，每一天都充滿了歡笑與期待。與先生相差十歲的我，在公婆眼裡就是個孩子，當時他們對我的關愛讓這份幸福更加完美。交遊廣闊且具有醫療背景的他們，時不時地分享許多生活上的新鮮事，帶著我們去體驗更多采多姿、豐富人生閱歷的事物，也從不吝嗇的表達對我的疼愛，自小生活在普通家庭的我，爸爸媽媽都是辛苦的上班族，為了家庭經濟重擔時常爭吵也是日常，更別說是全家出門踏青吸收新知識了，所以當我嫁入了這樣彼此關愛又廣納各種見聞的大家庭，以及公婆那永遠穩定的情緒和深思熟慮的處事態度，讓我見識到了不同層次的高度，我珍惜且真心地認為能嫁入這樣的家庭是我這輩子最大的福氣。

日子一天天過去，突然有一日 先生收到了公司的辭退信，一份優渥的薪水瞬間化為烏有，措手不及的我們，從沒想過會有這樣的遭遇，看著嗷嗷待哺的孩子和腹中的第二胎，迫使他開始有了創業的決心，幾番討論後我們決定並肩前行，共同面對生活中的酸甜苦辣。然而整個家族都沒有過經商經驗的他，僅憑藉滿腹的理想壯志，毫無實戰經驗，到手的案子一個個挫敗，存款一日日消失殆盡，最終在周轉不靈的情況下最後忍痛賣掉了房子，而那是小女兒剛出生的第五個月。

而後我們開始租房子，為公事操煩是他的每日常態，我也開始了日復一日的育兒生活，日子裡漸漸失去了往日美好，每天都為了柴米油鹽而爭吵，幸福感消失殆盡，經濟壓力讓我們喘不過氣，生活變得乏味也異常艱辛，取而代之的是無盡的疲憊與覆轍，像是永遠都掙脫不了的緊箍咒。

一個偶然機遇，先生看見了日本ISOT文具大賞的展覽資訊，興起了前往探究的念頭，當時我們的生活已是捉襟見肘入不敷出，我經幾番掙扎後，毅然決然將僅剩的家庭生活費交給先生，支持他前往日本，雖然這意味著我和孩子要每天為生活發愁，是個非常大的賭注，但我也深信先生必會用盡全力尋找契機。老天不負苦心人終究給了我們一絲希望，在茫茫人海中有幸認識了日本北星鉛筆的社長。彼此交流甚歡，深入討論了合作的可能性，更積極探討海外市場需求和創新方案，為了把握良機，先生提出了海外總代理的要求，社長也毅然決然的首肯，而後我們和北星鉛筆共同合作開發了一系列精彩的產品，也為雙方帶來了豐厚的成果，使我們的業務和收入漸漸有了轉機。每當收到報章雜誌的邀約，都讓我們充滿了名聲大噪的感覺。這肯定是對我們努力的最佳認可，也是對商品的極高評價。看著媒體紛紛報導、讚譽有加，真的深感欣慰與自豪。因為這不僅是鼓舞，更是讓我們對未來充滿了無限的希望。

這樣的日子持續著雖無豐衣足食優渥生活，但也可平淡過日子每隔兩年搬一次家也依舊是常態, 收入的增加顯然不足以應付一家子的開銷，但既然已有起色就代表未來可期，我心裡是這麼想著的。直至有一個夜晚，我帶著孩子們和妹妹一家北上去探望親戚，毫無預警地，回程接到了一通電話。我心裡突然湧起了一絲絲不安的感覺，接著我緩緩地聽見了先生在國道上出了車禍正送往醫院急救的一串話語…，那瞬間我腦袋空白了，放下手機望向身旁才小二的孩子，他仿佛感受到我強烈的不安與驚恐，看著我放聲大哭並撕心裂肺的大喊著爸爸，這陣嚎啕大哭再一次攻進了我的心房，我痛上加痛卻哭不出來，接著我被帶到了急診室，我懺抖著踏進那扇門，目光開始緩慢地找尋那熟悉的身影，放眼望去都是陌生人，此時此刻我仍期盼著這是一場誤會，但就在我轉過頭去發現布簾後的他，我定格了，我看見他身邊伴隨著好多醫護人員和機器，他的頭部嚴重受創腫脹還有全身多處的傷勢，更可怕的是他們說他沒有意識了。

　　我楞站著 腦海中滿是這些天我們為了無數小事爭吵著，則如往常他埋首於工作，我則滿腹委屈地照料家裡大小事，我們的交集少之又少，我還在等著他來跟我道歉和好呢，但為什麼現在他要躺在這裡呢? 我想到這裡再也無法抑制內心的痛楚，眼淚一滴滴的落下，是啊人生最大的懲罰就是遺憾，我的天塌了，世界變得巨大陌生和恐懼，老天爺終究沒打算放過我們。醫護人員正在全力救治他，我無法做任何事情，只能默默地祈禱著。我不敢想像沒有他的生活會是怎樣，我只知道我不能失去他。在那片緊張而焦急的氛圍中，時間仿佛靜止了，我只能等待甦醒、盼望奇蹟。那一夜，好漫長 我在醫院的等待來回踱步，心中充滿了焦慮和不安。生活突然間失去了依靠，一切都變得不可預測。但我知道，無論發生甚麼，我都要堅強地陪伴他度過每個艱難的日子。

　　最終 因為腦部和脊椎嚴重受創，醫院不敢收留，建議轉院到醫療設備更齊全的地方再做處置，大半夜裡瘋狂尋找醫院，最終一位友人透過關係為我們找到台中某醫院，當時心裡萬分感激並簽署了出院自行負責後, 我第一次坐上救護車一路南下, 在救護車上我拼命地想要喚醒他，但他始終沒有回應。握著他的手，焦急地和他講述我們之間所有最熟悉的話語，但他的眼睛依然緊閉，沒有絲毫動靜。不要離開我好嗎? 這是我在救護車上和他說的最後一句話。

　　終於到了醫院，他的昏迷指數只剩下三了。醫生診治過後 問我是否要救他。但因腦部和脊椎受傷嚴重, 開了刀 成功的機率微小，有終身癱瘓的極大風險，但若不救就是剩下多少時間的問題了。 這句話如同一把利劍再次刺入我的心臟，我的孩子需要爸爸，拜託老天爺把原來的家庭還給我吧，我拜託醫生盡最大的能力救他。

第一次的大刀開了好久好久，我和家人在手術室外不敢闔眼,身子疲憊就互相看幾眼，默默無聲打氣後繼續守在手術室門口，時間過了好久好久，手術門打開了，醫生語重心長的講述手術後的存在風險，並告知接下來的時刻是關鍵，這場重大的手術也成為該醫院眾醫師們研討重點，畢竟傷得太重了。

等待他甦醒的日子裡充滿了煎熬。每一刻都仿佛是漫長的等待，心情在焦慮和希望之間搖擺。在冷冰冰的醫院走廊裡，等待的時間似乎變得無邊無際，每一秒鐘都讓人心急如焚。每天加護病房的定點等待，我和親人們總是那個站在門口第一排的候者，門一開啟的瞬間立刻換裝消毒飛奔到他的身邊，聲聲呼喊著他，輕輕地在他耳邊回憶著所有的點點滴滴，看著病床上那個完全變形了的他，身上掛滿了儀器，好多次我試圖想壓抑內心的傷痛卻還是不敵那翻滾的淚水，護理師也越來越認識我了，畢竟這位躺在病床上的患者傷勢實在太過嚴重，而他的妻子不曾放棄過他，護理師拿著手電筒照著他的瞳孔告訴我，患者的生命跡象真的很微弱，沒有反應了..即使心再疼痛還是必須堅強向護理師們了解所有關於他的症狀與細節，我從一個醫學認知門外漢，逼迫自己開始跟院內所有照料他的醫師護士群們對話，學會做任何醫療判斷，面臨身體狀況急速變化的他 醫院隨時都需要有家人做出決策，而我 必須是那個人。

無數次我開著車從新竹出發到醫院時，停在路邊不敢下車，寄宿在親戚家裡時夜不能眠，一闔眼總能聽見巨大的撞擊聲，我害怕極了，也有許多次我試著踏進家屬休息室躺在冰冷冷的床板上，聽著現場此起彼落的哭泣聲和祈禱聲，整晚翻來覆去身心狀況每況愈下，就連走在路上聽見呼嘯而過的救護車聲響，滿心的恐懼總佔滿心頭， 面對急速驟變的生活，簡直難以承受害怕極了。

　　而後一個偶然的機會，在長庚醫院服務的朋友將先生的車禍狀況告知了一位腦部外科主任，我思量著目前先生的身體狀況持續昏迷，未有明顯好轉的跡象，並告知了公公這個機緣，後來我陪先生再次搭上轉診救護車，一路上我拜託著司機先生維持且請託降低車體的晃動，試圖不要讓太多的外在因素去影響到先生的身體狀況，然後從台中北上長庚做更進一步的治療。想當然爾又是一連串大大小小的手術。受盡折磨的他終於在車禍後三個多月略見清醒 轉往普通病房了，照顧病人是一項艱鉅的任務，需要身心俱疲的付出。每一位照顧者都深知，這不僅僅是一份責任更是一種沉重的愛，心靈上的負擔其實是最無法言喻的，不僅要承受自己的情緒還要懂得隱藏悲傷，才能不斷地給先生力量和支持。

　　按照健保醫療規定，我帶著先生開始了每隔28天四處轉院的日子，每一次總是精疲力盡，先生的身體狀況只剩下臉能稍微互動，全身已癱瘓，唯右手臂能稍舉起，這樣在醫院來回奔波的日子維持了整整一年，一年後我把他帶回家了。我曾經以為，家人是我可以依靠的避風港，是我無論何時都可以找到的支撐。然而在這段日子以來當我最需要先生家人的時候，我卻感到無援無助。一次次漫長的夜裡，我不斷地回憶著過去，回想起公婆曾經對我的關愛與呵護，然而當先生面臨數次重大的醫療決策、大大小小的照護問題時，卻得不到關心和體諒。或許是哪些環節造成彼此開始有了誤會，遺憾和錯怪層層累積，也或許是緣分到頭了，經濟上的問題成了最後一根稻草，在小孩的種種照顧與成長中，我必須無情亦悲痛的做一抉擇，最終我鼓起勇氣，請求公婆將先生帶回去照顧，而我和先生的婚姻也在戶政人員的親訪下，雙方流著淚簽下了離婚協議。

　　那一年我不到40歲，我的身心已經疲累不堪，家庭狀況讓我長期無法陪伴孩子，孩子也開始出現很多叛逆的行為，讓學校老師感到頭大，所幸期間遇到學校的老師都能體會家庭遭受變故所產生的影響而對孩子加以輔導和包容，我試著重新在職場上站起來，為了承擔起這個家也必須成為兩個孩子的依靠，我接下北星鉛筆的業務，開始努力嘗試讓停滯許久的業績有所起色，聯繫了所有客戶，積極地希望公司成長，漸漸地較熟捻的客戶得知了當時先生的狀況，也陸續提供了一些訂單讓我維持收入，新舊業務同時都在進展著，我逼自己在事業中展現出女強人的姿態，同時用愛和耐心呵護著家人，再用行動詮釋著做為一個母親該有的責任與擔當。

　　生活中充滿了挑戰和困難，好幾次快倒下了但我從不言棄，我必須樂觀態度去面對生活的一切。我的內心充斥著堅定和勇氣，相信只要努力拼搏，就一定能夠創造出自己想要的未來。

　　但身為一個單親媽媽獨自帶孩子還可能面臨情感上的挑戰，除了沒有伴侶的支持，承擔起全部的家庭責任是最讓人感到孤單與無助的。

　　在孩子的成長過程中，我肩負父母雙重角色，既要扮演父親的嚴厲，又要扮演母親的溫柔，有一次我在夜晚回到家，按照慣例開始打理清潔家裏，然後準備簽孩子的聯絡簿，走經兒子房間時沒看到人，結果發現一個小小的身軀側躺在我床上，目光呆滯望向一方，枕頭上浸濕了他的淚，他用無聲的語言釋放自己的情緒，他好痛但不知道該如何表達，孩子要承受的不比大人少！那時我的心好難受，卻只能抱抱他然後陪他安心入眠。

　　而後，我開始用大量的時間去陪伴孩子，我清楚明白單親媽媽面臨著許多時間上的挑戰，況且我盡可能地除了工作事業上的拚搏之外，再去兼顧維持家庭和照顧孩子的一切，但畢竟不是萬能，有時候遇上工作與孩子兩抉擇時，好幾次還是忍痛讓孩子自立自強，只為能幫家裡帶來更穩定的收入，犧牲睡眠時間不在話下，這是經常性的，犧牲了與孩子的共處時間，是我內心最難以釋懷的苦楚。

　　然而，儘管生活持續面臨種種挑戰與困難，我始終告訴自己要堅強與孩子為伴，單親媽媽的無私奉獻和堅韌精神，詮釋了母愛的偉大和力量，也成為了家庭的支柱。

　　孩子越來越大，家庭開銷也跟著沉重起來，靠著湊零錢糊口的日子我們有過，餓著肚子一起煮泡麵的日子我們也渡過，孩子越發懂得媽媽的辛苦，也就開始樂於一起承擔現實生活中的喜怒哀樂，也因為孩子的懂事與全心支持，我萌生了將北星鉛筆結合教育的念頭，讓深愛寫字的我，開始了教課的想法與籌備，書寫是一種沉靜而深遠的行為，不僅可以幫助孩子表達內心的情感還可以帶領他們探索世界認識自我。

　　我期盼在陪伴孩子書寫的過程中，可以傾聽他們的心聲，透過他們的情緒還有機會理解他們的煩惱和困惑，從而給予他們正確的引導和支持。透過書寫，可以幫助孩子建立自信、培養專注的意志力，從而穩定心性，而手拿筆寫字亦是一種強大而珍貴的技能，它不僅可以促進大腦發育和思維活躍，提升文字表達能力和溝通技巧，美感的建立也同時培養著，我堅信這是一種藝術和美學的表達方式，通過筆墨勾勒出優美的字形和線條，可以展現出個人特徵。

有一回北星鉛筆收到電視節目一字千金的通告邀請，我心中充滿了雀躍與喜悅。這不僅是對我的一種肯定，更是對我長期努力的認同。在我心中，這不僅僅是一次上節目的機會，更是一種鼓舞和激勵，讓我感到值得往下走，做為北星鉛筆的代表，我一直以來都在不斷努力，有機會在公眾面前展示我們的產品向更多的人宣傳和推廣北星鉛筆的品牌形象，讓我感到了無比的興奮和榮幸，也為自己的職業生涯增添新的光彩。

除了現有業務之外，我也開始投入了弱勢家庭的課輔計畫，有一次遇到一個長相清秀的小女孩，初次見到她的印象就是頑皮不受教，喜歡和老師作對，我遇到這樣的孩子總會不自覺多給了幾分關注，而她也感受到了我對她的真心關愛與鼓勵，從落後生突飛猛進成為了班上屬一屬二的模範生

在一個特別的節日裡，小女孩手繪了一張卡片送給我，謝謝我在她不被肯定時看見了她的好，短短幾句話足以代表這段日子以來我們的師生之情，這也讓我更加肯定為在地的弱勢孩子們提供課後的課業陪伴與教導的意義深遠。

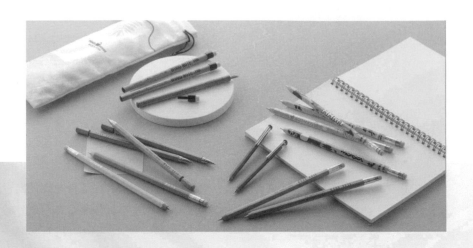

　　有很多家庭和我家的孩子一樣，遭受突如其來的變故與折磨，這些家庭面臨著各種困難和挑戰，孩子們的成長環境常常不盡如人意。

　　然而，這些國家幼苗，他們的成長和發展關乎著整個社會的未來。我深信 我們每個人都能以自身小小的力量去幫這這些孩子，讓他們能夠茁壯成長，為社會的進步貢獻力量。幫助弱勢家庭的孩子不僅是一種慈善行為，更是一種社會責任與道德擔當，這些孩子們往往生活在心靈貧困無助，甚至不知道求助的困境中，他們面臨著心理健康問題等諸多挑戰，我想若能以自己的力量去幫助他們，給予關愛與陪伴，絕對能夠對他們的生活產生積極正向的影響，使他們有更遠大的目標和發展。

　　同時我也加入慈善協會幫助特殊境遇孩童課輔，甚或還同時為孩子提供學習用品等豐富他們的學習和生活。身教大於言教，我期盼自己的孩子能體認到施比受更有福且處事不卑不亢之人生態度，我堅信這是一個深遠又意義的事情。用自己的小小力量，去關愛和支持這些孩子，為國家的未來孕育出更多的人才，我願所有單親媽媽和我一樣堅強，為父為母都能游刃自如，讓每一個孩子都能夠享受到幸福和快樂的童年。

　　人生的旅途中，我曾孤單獨行，肩負著照顧孩子和奮鬥生活的重任。我經歷了許多艱辛和挑戰，誤解和批判，但也收穫了無限量溫馨和感動。在人生課題中，自己家人的雪中送炭、知心相伴還有朋友的溫暖鼓勵讓我學會了堅強，也多了勇氣和成長。現在當我回顧這段經歷 不再懦弱與傷感，因為我知道我會一直為自己和孩子奮鬥。

　　每一個早晨 當我看著孩子甜美的笑容，我知道這一切是值得的，他們是我生命中最珍貴的寶藏，是我不斷前行的動力和泉源，在孩子的陪伴下我感受到了無盡的愛和溫暖，感受到了生活的美好和意義，他們讓我懂得了甚麼是真正的幸福，甚麼是真正的成就，我知道只要我堅持努力不停地向前，我就一定能夠迎接更美好的明天。

　　所以，我用自己的雙手書寫著生活的篇章，用自己的努力詮釋堅強的意義。我相信，無論遇到甚麼困難和挑戰，只要堅持不懈勇敢前行，就一定能夠戰勝一切，就值得擁有光明的未來。

　　世間溫暖 皆因有你，最感人的故事和最真實的人生往往都是相互交織的，不完美的完美，或許才能寫下人生最美的詩篇。

曹齊平的生命故事與STEAM 文 / 曹齊平

　　回想我的求學過程，學校不能滿足我的好奇心和求知慾望。小學時期，有一位同學家境不錯，家裡很多課外書，還有王子半月刊，我們常常去他家玩，別人玩，我看書，常借回家看。重慶南路有家書店叫東方出版社，小學時期我常去逛，我喜歡看科學家故事、火星探險、太空探險之類的故事書。有時候存了一點零用錢，偶爾買一本，我很好奇太空有些什麼，學校填鴨式教育不能滿足我的好奇心。

　　我喜歡科學，喜歡動手動腦，學校很少實作課。六年級時，我在家裏做電磁場實驗，把電線繞著一個大鐵條，捲成一圈一圈，再接上交流電，碰一聲，一瞬間真的有吸引力，然後就爆了，搞得家裡也停電了，我趕快換保險絲，免得大人回來挨罵，我第一次嚐到被110伏特電麻的滋味。

　　我收集很多火材棒，把火藥頭取下集中在小管子裡點火，看看是不是真的能發射火箭。在家的院子裡發射，真的成功了，還好沒有爆炸火災。中學時期，學校課程枯燥乏味，沒錢買新書，我常逛枯嶺街舊書攤買舊書，滿足我好奇求知的慾望。

拾穗月刊、讀者文摘、韋政通評論儒家、佛洛姆評論教會..，我特別喜歡批判性的書，我書架上一排一排課外書。我的考試成績很爛，差一點被退學。我不適應學校，老師在講台上課，我就在心裡批評，教育不該是這樣的，教學應該有更好的方法....。我的腦袋是海闊天空自由的，學校可以控制我的身體，不能控制我的腦袋。

唸師大附中時，每年暑假都被叫去學校補考，國英數化都補考過，唯有物理我都考的很好，不用補考，因為物理沒什麼要背的，我可以憑感覺和思考來作答，我不背公式和解題技巧，我可以在考試現場由最基本的觀念自己推導出計算方法。滿懷希望地進了成功大學，卻有點失望，教授教學仍然脫離不了中學的那種解題模式。

我念理工科系，卻參加了兩個文學的社團，一個是寫作協會，一個是西格瑪社，西格瑪社是哲學思考的社團，有一次我上網搜尋西格瑪社，還看到我那時隨興在社團裏的筆記本寫的短文，被收錄在西格瑪文選這本書裡。

我喜歡自由自在地思考探索，可是學校只是灌輸知識、背誦，這不是真正的學習。像我這樣的孩子一定很多，希望我們的課程能滿足這些孩子的求知慾望。

畢業後在中山科學研究院從事航空工程研發工作八年，面對工作的衝擊，讓我對過去所受的填鴨教育有很多反省與思考，教育不應該是這樣的。在教書時，我用了很多心力在改正學生在中小學時期養成的錯誤學習方式：背誦課文、不思考、不動手實作…。

我的教學儘量讓學生動手動腦的實做，鼓勵學生思考，考試常常出可以讓學生自由發揮的問答題。

我在最左邊照相館照相寄給在遠方當
軍人的父親

寒暑假常受邀至中小學教玩具車控制實驗

每年我都會想一些新的教學點子。我發覺我一個人力量有限，學生仍然受其他老師填鴨式教學的影響。我居然異想天開，想改變全校的老師，不要再用填鴨方式教學。我在學校的刊物寫文章宣揚教育理念、舉辦全校的教學創意活動、發明比賽…，沒有用！大家都忙著應付教育部的要求，忙著評鑑、升等、進修、寫論文，沒人響應我，甚至有幾位長官要我不要管太多，說我的理想不可能實現的。於是我就自己管好自己，做好自己的教學工作，研發教具，然後就離開學校了。

我只是會考試而已

接獲中技社電話，因為我大四曾領中技社獎學金，因此邀請我參加一個研討會，對大學生演講半小時。60年來全台灣有四千位學生領過中技社獎學金，被選中去演講真是很榮幸。先感謝中技社，當年大四，為了準備考研究所，我辭掉家教工作，經濟是有點困難，中技社的獎學金即時幫助我。

回想大學頭三年，我唸書，讀懂就好，不喜歡背誦，因此成績總是在中後段。班上有59人，我成績大約在40名左右。大四狠下心背誦，背誦公式、背方程式推導程序、背解題技巧、背教授的黑板筆記，大四上學期全班第一名，因此領了獎學金，坦白講，我只是強記而已，我其實還是不知道唸的這些東西和真實世界如何連結。

學校和社會脫節嚴重，教授幾乎都紙上談兵，缺少實做，很多課業其實我根本就沒有讀懂。我在大學及研究所時修了很多流體力學方面的課，工作後才發覺，我根本不了解流體，我只不過是學了很多流體力學的數學技巧而已，而這些數學技巧在面對實務問題的時候，又不太有用。不只流體力學，很多科目都是如此，我們其實並沒有真正了解事物，我們只不過是學了一些數學技巧而已。

　　清華研究所剛畢業時，真的是什麼也不懂。有一年，親戚剛搬新家，地下室潮濕積水，我自告奮勇，買了管子和小風扇，做了一個排氣管，想把地下室濕氣排出去，隔了一週，親戚說，沒有用，還是一樣。仔細想想，對喔！地下室溫度低，空氣裡的水蒸氣遇到低溫，凝結成水。排氣是沒有用的，吸進來的空氣遇到冷，仍然會凝結出水。

　　慚愧！我還修過熱力學，會解熱力學方程式，卻不會解決實際問題，我只是會考試而已！ 我們學熱傳學，主要是要預測物體溫度。我曾經自認是熱傳專家，大學修過熱傳學，研究所修過高等熱傳導、邊界層理論、熱交換器設計，學了很多熱傳數學方程式和解題技巧， 職場上曾有幾年是分析飛行體的溫度，還寫了幾個電腦程式預測飛彈溫度。有一天卻敗給了從冷凍庫拿出來的芝麻湯圓，煮了又煮，再煮，應該是熟透了，想不到一口咬下去，裡面還是冷的。 實務經驗是很重要的！

糊裡糊塗就創業了

　　二十年前我在教書時，我用玩具車給我的學生做電子控制實驗。當時教育部有一個計劃補助款，鼓勵大專院校服務社區，每一個案子有5萬元補助，學校長官想到個點子，打算由我帶我的學生去指導鄰近國小的學生社團做玩具車的自動控制。我們去了附近一所國小談完後，長官就寫了計劃書送教育部申請。沒想到計劃案落選沒有經費，長官就沒再管這件事。

　　為了信守諾言，我就自己一個人繼續執行這個計劃，每個週一下午到這個國小義務指導學生，整整一個學期。學校找了記者來採訪，我對記者說，我願意贈送一些我做的玩具車教具給有興趣的老師。 我本來估計只有幾十位，沒想到報紙刊登出來全省各地有兩百八十位老師回應我想要一套。於是我自掏腰包做兩百多套寄出去，做了半個月，大概花了四萬多元吧！許多老師問我一些玩具車的電子控制問題，於是我就辦了兩場免費的教師研習活動，沒有政府補助，也沒有考績點數。

許多老師希望我多做一些賣給他們，於是我就在學校的創新育成中心開始了產學合作。後來我決定，不採用市面上的玩具車，我要自己設計更適合的玩具車。我申請教育部計畫補助，沒有通過，於是我決定自己來，靠自己。我設計造型，花了幾十萬元請工廠開模具，然後量產。整個過程都沒有教育部任何經費補助，也沒有考績點數，靠自己更有效率。就這樣，科學魔法車就誕生了，到目前為止銷售五萬多套，有幾百個學校採用。

不要太在乎一時的得失，對的事情，去做，就對了。

有一年，系主任突然找我去，要我負責成立感測與控制實驗室，有150萬預算給我買設備，要在一年內用掉。但是我用不完，只用了30萬買設備，我不想倉倉促促的亂花錢買華而不實的設備。我把剩下的120萬還給系主任，由其他老師去買他們需要的設備。我不滿意市面上的教學與實驗設備，於是我自己研發設備，自製教具。剩下的120萬元，也很可惜，幾乎都被其他的老師拿去買他們個人寫論文要用的量測儀器，並不是用來教學的。後來實驗室耗材經費越來越少，十幾年前，我就到資源回收廠自掏腰包買廢家電，拆解做教具，因此現在我的教學就多了一項，拆家電學科技，很受孩子們歡迎。

得與失只是一時的

一時的得失，長久來看，其實沒那麼嚴重，甚至逆轉，現在的失往往造成未來的得。當年我研究如何利用玩具當教具，申請教育部、科技部研究計劃都沒通過，沒有經費補助。那些拿到研究計劃的教授，得到幾十萬、幾百萬元經費，發表一篇篇的學術論文，幫助了升等。

然而我的研究，一篇學術論文也沒有發表，我又不唸博士。我還是講師，隨時可能被資遣或解聘。那又怎樣？沒有教育部繁文縟節的牽制，我更可以海闊天空、自由發揮，更有效率。玩具實在太好玩了，當年我跑遍太原路、汐止、新莊的玩具進口商找玩具，設計玩具教具，而同時間我的同事們在苦惱唸博士、寫論文、申請教育部計畫、繁瑣的文書作業。

教書時期實驗室收集廢棄家電用來教學

我研發的教具,現在有許多學校採用,啟發了無數孩子的學習興趣。這種喜樂遠遠超過了當年被教育部拒絕的小小挫折。得未必是得,失也未必是失。一時的得失不要看的那麼嚴重。

大家都在拼考績,只有我不在乎,我跟系主任講考績最後一名就給我好了!解除了系主任的煩惱。我當年因為不到退休年資,若辭職,是拿不到退休金,若被資遣,至少還有資遣費。考績末段可能被解聘,一毛也沒有。我寫了一個自願被資遣的簽呈給學校,被系主任擋住,沒給學校。後來學校公布了優退方案、優資遣方案,我馬上去申請,終於成功被資遣,開心地離開了學校,拿了資遣費去做自己喜歡的事,自由自在,海闊天空。我失去了教職,得到海闊天空。

做自己的主人

雖然忙,雖然收入不多,但是我很滿意現在的工作狀況,做自己喜歡的事情,做出貢獻幫助別人,又得到溫飽。最重要的是,我可以自己做主。

年輕的時候在一個大型航空研發單位工作,我不能自做主張,即使方向是錯誤的,我也必須遵循,我只是一顆小螺絲釘,很沒有成就感。記得當年有一次經過住家附近一間正在裝潢的店,我進去參觀,年輕老闆說他準備開一家烘焙店,眼睛中閃爍著未來的美景,我當時非常羨慕他可以自己做主。我心想,有一天我也要自己做主。於是我就辭職,打算去美國唸我喜歡的電腦,飛機起飛的前一週想到孩子剛出生、房屋貸款還要付,就放棄了留學夢,改去教書。教書剛開始還可以自己做主,到後來,教育部管的越來越多,教育環境越來越不合理,越來越不能自己做主,我就離開學校,自由自在海闊天空,做自己的主人。

常有家長告訴我，孩子上完我們的課之後，回到家裡會繼續做實驗，會到電子材料行買零件，會和父母分享學到的東西，我聽了就很高興。

很多考生考完試，就把課本丟掉，再也不碰課本了。 我的教學指標不是升學率、不是考試分數，而是下課以後，能不能繼續保有學習的熱忱。

我常遇到很聰明的孩子，有些甚至是天才，他們花很多時間在學習科學。

這類孩子的家長問我這樣的問題：曹老師，我該讓孩子學些什麼？」他們希望我回答一些科技項目，我的回答卻是：「人際互動、樂觀的態度、不怕失敗、同情心、快樂、幽默感….」

知識、技術，隨時都可以學，聰明也不會消失，但是人格的成長只有一次，錯過就沒了。 偶爾會有家長問我升學或證照考試的問題，我對這些興趣是不大的，這也不是我的專業。

教書多年來，我一直專注在培養學生的能力，而不是學歷。 社會不缺學歷，缺的是有能力的人。如果我專注在提升學生的考試分數，我一定沒辦法好好思考如何培養學生真正的能力，學歷是有能力以後的副產品。

子欲養而親不在

西安二姐打電話來，要我等老媽身體好一點後，帶老媽去西安玩，完成老媽的心願。三十幾年前老爸每次回湖南鄉下探親，我都會塞一些錢給老爸帶回去。朋友笑我傻，後來老爸晚年，最後的十年幾乎都是二姐在照顧，二姐每年來台探親照顧老爸，有時接老爸去西安住，不收我們一毛錢。他們生活都改善了，有能力回報我們。

民國38年，老爸回湖南家鄉要帶老婆和三個孩子離開大陸，爺爺不同意，認為國民黨還會回來。然後，老爸再也沒有機會報答父母養育之恩，也沒有機會養育他在老家的三個子女，他把所有的愛付給了在台灣出生的我們三兄妹。

三十年前我給老爸錢返鄉，他退回我。大清早我趁他還在睡覺，放在他枕頭旁，再出門上班。 幫助老家的兄姐親戚，也是應該的，感謝他們幫老爸奉養我的爺爺奶奶。 我只是回報，我不求回報，卻又得到回報， 我看到許多朋友為了財產分配，家族親人反目。 家人應該互相幫助，今天我幫你，明天，甚至下一代，你幫我，不用計較今天一時的得失。

父親(前排中間)投筆從戎民國28年軍校畢業照黃埔15期

疫情前，二姐幾乎每年都會來台灣照顧老媽。西安事變時，老爸軍隊駐紮西安，娶了西安姑娘。文化大革命，大媽在湖南被共產黨鬥爭，西安的堂哥來湖南把大媽和二姐連夜接到西安。留下大哥大姐在湖南，當時爺爺奶奶已經不在世了，躲過了鬥爭。

三十年前我陪老爸回湖南老家，走了很遠的山路，老爸一見到爺爺奶奶的墳，就跪在墳前流淚。那些年我常開車載老爸去郊外深山海邊，老爸喜歡在車上講以前的故事，我現在懂了，老爸是想透過他的故事告訴我們一些道理。

有一次我不聽他的話，他就說了一個「子欲養而親不在」的故事。我知道他不是要我養他，而是擔心我將來會因爲「子欲養而親不在」而難過。眞的！我現在經常難過、後悔。我很後悔，老爸曾經要我找裱框店把韓愈的治家格言裱框起來，送給兒孫們，我卻只做護貝。後悔的事太多了！他總是擔心我們。

最後幾天，他戴著呼吸器，很吃力的交待我們每一個人要注意的事情。我們總是讓老爸操心。老爸從沒教我們如何賺錢謀利，卻常講做人處事的道理。老爸喜歡幫助朋友，從軍中退休後，領了所有的退休金和朋友合夥做生意，幾次都失敗，老爸根本就不是生意人。

有一年我因爲貢獻教育得了一個獎，帶老爸去頒獎典禮，那一天他很高興，我在台上看到他坐在觀眾席上笑得很開心。記者採訪我，老爸的老朋友在電視上、報紙上看到了，打電話給老爸，老爸好開心。我沒讓他失望，這是我給他最好的回報。老爸沒留下一分遺產給我們，但是卻留給我們無限的愛，還有良好的價值觀。

如果重來

　　幾位大安高工的學生來訪問我，這是他們「生涯規劃」課程的作業，被訪問的人要和學生唸的科系有關。 我的生涯是沒什麼規劃的。 糊裡糊塗就考普通高中，唸得很乏味，如果重來，我就考五專，動手動腦，有趣多了。 大四時，想到自己唸了一堆數學方程式，很少實務和實做，對自己就業能力很沒信心，就考了研究所。 沒想到，研究所也是一堆數學方程式，我想當工程師，不想走學術研究路線！

　　學生問我，如果重來，我會怎麼做? 回想當年，大學畢業後我應該去業界的，不要怕不會，到業界重新學習，邊做邊學，現在可能股票在手，退休環遊世界！ 研究所畢業，急著賺錢改善家庭，簽了國防役去中科院，回想起來，當年國防役我若選擇去工研院，雖然當時工研院剛開始大興土木塵土飛揚、樹很少，薪水也比中科院低，但是比較能和產業接軌，現在也可能股票纏身環遊世界去了。

　　離開中科院本來要去美國改行唸電腦，因為經濟考量，想到孩子剛出生，房屋貸款才開始付，出發前一週決定放棄出國，在台灣找工作，可是我只會飛彈，不懂產業實務，怎麼辦? 我對教學有點興趣，所以就選擇去教書，再次逃避去產業界磨練學習的機會，否則現在可能在埃及看金字塔！ 幸好，教書時，沒有跟著同事們一窩蜂為了考績升等做那些無聊事，我研發教具，現在離開學校還能自由自在過日子，不致於挨餓，又能夠對教育做一點貢獻，對得起良心！

　　回想過去，如果以賺錢為考量，的確會有不一樣的選擇。 但是我懷念中科院那八年，是我人生中美好的一段回憶，教書工作也讓我有機會做了一些特別的事情。 這些不能以金錢來衡量。 回憶這些年，到全台各地教學，上山下海、偏鄉小鎮、廣結善緣，點點滴滴的美好回憶。

　　我是個內向、退縮、有社交恐懼症的人。幸好，我研發一些教材，到各地教學，孩子們好奇發光的大眼睛，各地家長、老師的熱忱，讓我忘記害怕、勇往直前，認識了許多朋友，留下許多美好回憶。 否則我現在一定是個孤單老人。

轉個念
能讓缺點變優點

文/ 謝國清

從小母親就耳提面命，要我長大後當老師，然而在那個年代，我沒資格唸師範學校，但因為大學就以家教維生，開始被稱為「謝老師」，研究所畢業後更成為大學正式老師，從此與「老師」這個稱呼結下不解之緣，「謝老師」從年輕就一直跟我到現在。

身障人士不能當老師的年代

年幼時常聽母親說「做老師較『輕可』(輕鬆的台語)」，主因是我右腳患有小兒麻痺，所以認為我無法做粗重工作，同時又覺得教書較輕鬆，所以就常把那句話掛嘴邊，「當老師」也成為我考大學的主要目標，只是聯考前當拿到台灣師範大學招生簡章後，赫然發現他們拒絕身障人士入學，這應該算是台灣教育史上很重要的紀錄，甚至可以列入「轉型正義」的項目吧！

不過，相對於一些患有小兒麻痺的同學，我的狀況非常輕微，加上遺傳父親高大身材，以及從小學習的隱藏技巧，使得很多即便認識很久的朋友，都不容易發現，譬如，當看到台師大拒絕身障人士就讀的規定後，立即去請教台師大畢業的高一導師，他看完那條規定後，第一句話問我：你怎麼了？隨後我從基隆輾轉轉幾班車到台師大教務處，找到教務長詢問為何有如此規定，他的第一個反應也是：你怎麼了？

雖然狀況輕微，但只要跑步就會露出馬腳，所以，小學時代同學及鄰居經常會故意戲弄我，然後再跑給我追，當時以為是在玩耍，很久以後才知道那叫做「霸凌」；不過，隨著年紀愈來愈長，被霸凌的情形也愈來愈少，可能是愈長愈高大，以致大家也不太敢欺負我，也可能是「隱藏缺點」愈來愈高超，因此沒被發現，不過，「隱藏缺點」並不是唯一目的，其實還有個「自我保護」的重要因素。

轉個念，缺點可能會成為優點

由於右腳的壞腳，小時候一不小心就會「仆街」，因此，右腳膝蓋經常受傷，長褲右邊膝蓋處也跟著破損，母親總是用縫縫補補取代換新褲子，受傷的膝蓋當然會皮肉痛，但已結痂的傷痕被藏在長褲內，可是，受傷的長褲則顯露在外，被同學看到，久而久之年幼的心裡會產生自卑心，因此，為了減少長褲膝蓋處的縫補，也就是減少自卑心，於是開始學習如何不輕易「仆街」。

所以開始用快走取代跑步，以避免常「仆街」，但即便如此，只要一不注意，無力的右腳還是三不五時讓我「仆街」，因此，就進一步學習觀察路面狀況，同時學習讓自己的步伐穩健，也就是讓腦袋可以控制自己走的每一步路；久而久之除了讓「仆街」頻率減少，個性及處事態度也都變得穩健，這個邊際效應，還真得感謝我的壞腳。

除了個性與處事態度變穩健外，「壞腳」也給我很大的物質幫助，門票與車票的半價優惠減少很多開銷，此外，也比其他同年齡層的男士多了兩年社會經歷；我研究所畢業後不需要當兵，因而進入中正理工學院資訊科學系任教，其中，除了一位與我同齡的女同事外，成為全系最年輕講師，更有趣的是，一位重考兩年的高中同學，竟然在大四時選讀我開的代數課。所以，「好或壞、優或劣」常是一念之間。

此外，有些好朋友會關心我的壞腳長期是否會不舒服？其實，壞腳被左邊的好腳保護得很好，為了保護壞腳，六十幾年來，好腳必須完全承擔我高大的身形，以致於好腳看不見的膝蓋傷，早已比壞腳看得見的傷嚴重許多，因此，這幾年開始學著讓壞腳也能承擔一些責任，同時也學習加強肌耐力以減輕好腳的負擔，所以說「好壞」、「優劣」都不是絕對，而是如何轉念，讓好壞居於無形中。

居無定所的貧窮時光

因為沒有自己的房子，所以，高中畢業前不斷搬家，光是小學就唸了三所，其中，有三間房子至今難忘。

小學三年級左右住過一間又深又長的房子，一進門是共用客廳，中間一條走道，走道兩側各有兩個房，四家人各住一間，走到最底邊是共用廚房兼浴室(所以洗澡時必須把廚房門關好)，最後面則是廁所及一個防空洞；平時客廳幾乎沒人使用，各家人應該都忙於工作賺錢，廚房及廁所則輪流使用，曾經有一戶賣雞人家，每天一大早在廚房殺雞，那殺雞放血的情景深印腦海中；還有一戶人家，將喪事靈堂設在客廳一段時間，那時候晚上剛好很愛聽一位鄰居大哥哥講鬼故事，聽完後回家一定設法快速通過客廳；有一回下大雨，從後面防空洞潛入一條雨傘節到廚房，當抓蛇人手上捆著雨傘節經過走道時，四間房都半掩著門，裡頭好幾隻眼睛盯著抓蛇人手上的雨傘節。

小學五年級搬去跟母親最小的妹妹共住，正確的說，應該是我們全家避債到山上依親，那是一間方圓五百公尺沒有任何其他住宅，在基隆獅球嶺山頂上的木房子，入門是餐廳，往裡走應該有兩間房間，我們家四口人住在最裡面一間，阿姨家六口則住在前面比較大的房間(也許是兩間)，至於廚房兼浴室則是木房子外搭的半開放空間，廚房的一角用木板搭建一間簡易廁所，廁所中的穢物還會成為我們種蕃薯葉的肥料；那時候只要聽說有颱風，大人們就要在泥地板上打幾根大釘子，將童軍繩固定在釘子上後，爬上樓梯將童軍繩另一端牢牢綁在屋頂樑上，但即便如此，當颱颱風時，還是感覺整個屋頂隨時會被掀走；兩家人有四位小學生，三位是阿姨的孩子，每天清晨我走屋子左側下山，三位表親則走前側下山，每天獨自一人上下山來回學校，是我當時最快樂的時光，可惜一年後又搬家了。

我畫的「椅條」，也就是俗稱的「長板凳」；小學時代居住的房子多類似現在的學生宿舍，也就是一間房子隔間分租給不同人家，小學六年級所住的隔間，父親用門簾隔成兩半，一邊臥房一邊客餐廳，因為臥房非常小，所以偶爾就窩睡在這樣的「椅條」上頭，因此而練就一個姿勢可以睡到天亮的能力。

　　小學六年級搬到海洋大學附近，靠近海的地方，那房子只有共用廚房及浴廁間，有點像是現在的學生宿舍，已經忘了住幾戶人家，但一樣是每戶人家一間房，只是房的空間比較大，所以，父親就用門簾將房間隔成臥房及客餐廳，隔開後臥房其實很小，所以我常會睡在「椅條」上，也就是所謂的長板凳，因此必須練習不會睡到一半掉地上的功伕，導致後來即便有大床睡，翻來覆去的範圍相對很小；小學畢業上國中依然住那裡，國中課業繁重許多，但我看書的地方就只能在有一台黑白電視的客餐廳，有一回國中老師家訪看到我家的狀況，隔天到學校還當著全班同學誇我，說我沒有書房，功課還能維持得不錯。

「無憂無慮」的國高中生活

　　特別把「無憂無慮」括弧，是因為那個時候，一切憂慮都是父母親承擔，加上我的「天真無知」，所以就能「無憂無慮」的唸書。

　　唸了三所小學，加上有幾處住家離學校頗遠，因此除了幾位一起升國中的小六同學外，我幾乎沒有小學同學，不過轉學過程中，倒是有一件影響深遠的有趣的情事；小學五年級以前，分別就讀基隆的成功及南榮國小，但居住地侷限在一個小範圍內，在那裡幾乎都以台語做為主要的溝通語言，所以小學五年級以前，我不太會講華語，但六年級轉到一個新學校，導師是浙江人只講華語，同學也都以華語為主，這時我才開始真正學習講華語，不知道是學習力不錯？還是急於跟大家變成同一國？很快就能講出字正腔圓的華語，以致於日後許多好友，甚至師長都以為我是外省人。

2011年全家到日本京都金閣寺拍的照片，我很嚮往無憂無慮的生活，如同金閣寺在平靜湖面上的倒影，左右的綠以及上下的藍天，金閣寺無憂無慮的敞佯其間，這張照片也是我筆電的桌面，但細看我的額頭，就知道我的人生多數是憂慮的，所以，無憂無慮永遠是我追求的夢想。

國中及高中都被編入學校的第一班，那時候叫做實驗班，後來才知道那就是現在的資優班，但我一直非常疑惑，因為在那個年代，社區關係緊密，分散在不同班級的同年齡層鄰居經常玩在一起，在玩耍中我並不覺得比其他非實驗班同學厲害，甚至有許多不如的地方，特別是國中一年級，就遭遇到生平第一次英文科學期成績不及格，因此，總覺得自己成績並不好，也不知何故被分到第一班，那時候男女生各有一班實驗班，因為升學主義，學校非常重視實驗班，國中三年級的模擬考，我們班成績總是不如女生實驗班，當時校長失望到從來不進我們班，但沒想到高中聯考放榜時，我們班成績大放異彩，據說讓全校師長跌破眼鏡；那段國高中的實驗班經驗，給我非常大的啟發，讓我後來參與教改時，非常積極的主張不應該有能力編班。

國中畢業後有很多種類型的聯考，包括普通高中、高職、五專、警校、軍校、師專等都要分別考試，而我只參加了普通高中及五專聯招，沒有選高職是因為根本不知道自己喜歡哪個學校、哪個科別，至於沒有選考其他項目，是因為考試項目複雜到許多人都忽略了吧！所以，有很多人說現在升高中的制度太複雜，我倒認為那個年代的聯考制度才叫複雜。

不過，隨著考試成績公布，準備選擇就讀學校時，才發現在沒有任何興趣探索下，五專跟高職一樣難選擇，因此，最後選擇就讀基隆中學；只是高二時還是必須分組，那時候男生大多數分到自然組，女生多數被分到社會組，但其實我高中同班有許多文采非常好的同學，詩文樣樣出色，有幾位後來也脫離理工行列，如果當時他們就分發到社會組，人生應該會有另一番精彩；這段經驗也成為我日後參與教育改革的重要養分。

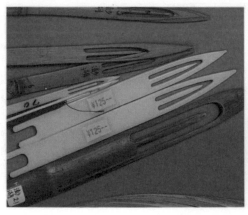
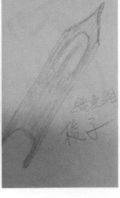

右邊是我畫的梭子，左邊是「八斗子漁村文物館」的收藏，看到時感覺分外親切，因為，這是國中時幫忙母親打工的修補漁網工具。

沒資格唸師範，就改入數學系　✦　✦　✦　✦　✦　✦

前面說到我原本一心一意要讀師範大學當老師，但被師範大學拒絕後，一下子陷入未來生涯規劃的危機，不過，因為從小許多事情都得靠自己，所以，在沒資格考師範的衝擊後，我很快就把「數學系」當成我的第一志願，而且必須是國立大學的數學系，填完志願後，發現數學系數量太少，萬一都沒考上，還真可能得去從事「粗重」工作，於是就把國立大學的物理系及化學系都填上去，我記得總共填了20個志願；在那個時代能這樣自由填寫志願，還真感謝父母親的「不管」，否則我應該會像其他同學，從第一志願填到第一百個志願，而極可能就不會落在數學系了。

第一志願填數學系，當然是因為我對數學的偏好，其實國中以前數學成績並沒有特別出色，而是在國中畢業前，奇蹟式的變好；話說國中三年級經常在考模擬考，事後學校都會貼榜單，除了總成績的排名外，還會把每一科成績排名貼出來，榜單貼出來後，同學都會擠到榜單前看自己落到第幾名，我自然也不例外，沒想到就那麼一次，我的數學模擬考成績突然排在第一名的位子，從此數學成績每一次都變得很好，這是奇蹟嗎？

我覺得應該是成就感的驅使！

優良的數學成績一直延續到高中，高中遇到兩位很好的數學老師，特別是高二分組後的導師，同時也是數學老師，他的板書寫得非常好，而我每一堂課都非常認真抄筆記，有同學看到我的數學筆記，就拿複寫紙給我墊在下方，最多墊兩層，因此，下課後會產出三份筆記，畢業後筆記本被那位在中正理工學院選我代數課的同學借走，可惜後來也沒要回來，否則應該是很珍貴的葵花寶典，不過，用力寫筆記的主要原因是讓自己專心上課，我認為上課專心，就不太需要額外的補習或買參考書。

因為數學成績好，很多同學下課後會問我數學，我則來者不拒，同學的問題經常來自於他們所購買的參考書裡的難題，因此，雖然我沒買參考書，但也能練習到許多參考書的難題，數學能力自然更好，倒是這種來者不拒的「共好性格」，不但延續到大學及研究所，也成為我日後工作很重要的素養。

「共好」與「反思」是我生活成長的助力

　　大學依然維持不錯成績，同學也都會在考試前問我問題，自然也都來者不拒，不過，我從小就很聽母親的話，他叮嚀我每天9點就要上床睡覺，這習慣一直維持到大學畢業前，所以即便明天要考試，我依然9點上床準備睡覺，可是幾乎所有同學都還在努力準備明天考試，因此，就會跑到床邊問問題，而當同一道題目被問過很多次後，我已經可以滾瓜爛熟的將證明題如數家珍地口述後來的同學，這樣一來隔天的考試如果再考不好，應該就對不起那些同學了。

　　研究所考試完全沒有範圍，不知從何準備起，當時清華大學數學研究所應該是全國唯一筆試後還要口試的研究所，大學同班除了我之外，還有一位同學通過筆試，至於口試內容更是無法想像，但就在口試前一晚，我那位同學拿了幾道題目來找我，我們很認真花了一段時間研究解答；第二天口試他先進場，輪到我進場時，只見台下坐了半圈教授，教授們開始發問，沒想到最後竟然問了昨晚跟同學研究的那道題目，於是很自然的在黑板上解答出來，台下教授非常驚訝地看著黑板，然後有一位教授問我為何能如此自然解答，我也老實跟他們提到昨天的情境，最後我被錄取，而我的同學則落榜，我猜他的口試應該沒被問到那道題目，但我也很好奇他為何會有那道題目，可惜沒機會問他這個問題，不過，還真感謝他問我那道早已忘掉的題目。

這幾年我在許多演講中，經常使用的這張圖片。當學校只重視「讀書考試」，如何讓學生在面對升學時，選擇合適的科系與學校？而這也是我從國中升高中、高中升大學時，自我反思的課題。

遺憾沒能力繼續深造

考上研究所後，當時老師都有國科會計畫，也會找研究生當助理，所以基本上生活費都沒問題，畢業前原本考慮是否繼續唸博士班，最後因為家裡經濟因素而無法繼續深造，我一直很遺憾這件事，因為，我的指導老師很挑學生，他在清大四十年期間只收6位學生，應該只有我沒有繼續唸書吧！

不過我自己也很清楚，我並沒有很高的數學天份，數學提供給我的是深化邏輯思考的能力，因為，從小就需要自己解決許多困難的問題，所以，邏輯思考自然成為重要工具，也因為邏輯思考的訓練，讓我不會輕易相信任何事，但同時也養成不受控的個性。

好比國中到高中的那個時期，剛好遇到蔣介石過世的事件，媒體所報導的場景，讓我產生極大疑惑，於是乾脆自己尋找異類的報章雜誌，而開啓我對教科書內容的疑問；解嚴前蓬勃的社會運動，依然無法相信主流媒體的報導，那時異類報章雜誌已無法滿足我的需求，因此就跟著一起上街頭；30歲左右買下自己所有的房子後，聽鄰居說建物有問題，我則謹慎求證、大膽行動，並透過縝密的社區討論後，最後不但解決問題，同時也讓我學習到社區營造的能力；後來離開大學教職及資訊界，轉而投入社區大學工作，都是在不受控的邏輯思考下所產生的結果。

感謝有您

北投區公所一位工作夥伴在我離開北投社大時，幫我畫的圖象，多年來協助北投區公所參與式預算，所抱持的態度就是如何藉由這個機會，鼓勵更多人提案，以提升整體的公民素養，其中最重要的就是「共好」與「反思」。

學生時代每個階段都有打工經驗

　　母親為了讓我有零用錢可用，在我大約十歲，也就是小學三年級左右，就帶我去基隆市場裡的「玩具街」(以前整條街一排玩具店，現在幾乎全消失)，購買「戳戳樂」玩具，然後就在住家門口馬路上擺一張草蓆，讓鄰近的小朋友付錢「戳戳樂」，事後回想，那時的住家環境還真友善，因為路面高高低低有許多階梯，以至於汽機車都無法進入，因此門口約三、四米寬的馬路，就成為鄰近孩子的遊樂場，我也是在那條馬路上追跑欺負我的人；那時候為確定能賺取零用錢，要學著計算每一套「戳戳樂」的成本以及每一次遊戲的收費，所賺的費用也要分期攤還成本，再把餘錢購買下一套玩具循環賺差價，這算是很實務的數學(算術)運用，不過，隨著頻繁搬家，再也沒有那麼好的住家環境與人脈(ps. 做生意人脈很重要，那裡是我小學時帶著最久的地方，所以也累積比較多的人脈)，於是搬離那邊後，就停掉這項有趣的「打工」模式。

　　小學六年級及國中階段搬到離漁村很近的地方，那時候台灣很流行家庭代工，我母親開始接一些手工在家裡做，我則利用閒暇時間幫母親做手工，其中，有個因應漁港而生的有趣代工：織漁網，我很喜歡幫忙母親「織漁網」，那畫面一直留在腦海中：「坐在小板凳上把腳打直，用腳姆指勾住魚網一端，一手拿梭子一手織網」，我的腳雖然不好，但手倒是很靈巧，所以當「織漁網」的幫手應該很稱職；國中畢業那年的暑假，跑去應徵「剝蝦」的工作，那也是漁港特有行業，在冷凍庫裡剝越多蝦就會賺越多錢，因為有一雙靈巧的手，所以那個暑假每天都努力快速的剝蝦，以賺取更多零用錢。

「無憂無慮」的前提是「自由」，就像家裡這隻黑白貓，即便被框限在小小紙箱中，依然可以自由地展現牠美妙的姿態。

高中是我很重要的一段時間，不但讀了很多經典，視野也在這個時期逐漸開闊，同時課業成績也相當穩定，相對課業壓力也就沒那麼沈重，加上大我十幾歲的哥哥已經在台電工作，因此，每年暑假就會去哥哥負責的倉庫打工，那時候的工作是在大太陽底下，跟著其他同夥，把一堆不同粗細的鋼條搬移、歸類並計算數量，這算是比較粗重的工作。不過，高三遭遇到一項更粗重且沒有直接報酬的工作。

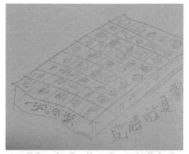

最早的打工經驗，就是噴一張草蓆在地上，然後吸引鄰居來玩的「戳戳樂」。

高三的打工番外篇

我父親是個外燴廚師(又稱總舖師)，照理說應該可以賺很多錢，但因為他的好賭，把賺到的錢又流入他人手中，於是造成我家的貧困；高三時，大我十幾歲的大姐為了幫助父親的事業，請大姐夫出資頂下我家對面的碗盤店(那時已從海邊搬家到基隆市區靠廟口附近)；過去的外燴廚師必須依附在碗盤店，廚師的接案可能來自碗盤店轉介，有名氣的廚師，客戶則會自行找上門，但不論哪個來源，外燴時所需要的鍋碗瓢盆、桌椅廚具，都必須依靠碗盤店的支援，碗盤店要把廚師所需要的器具，準時送達客戶處並於結束後收回清洗。

原本全家都以為有了碗盤店後，經濟狀況可以翻轉，不料父親竟然中風，當外燴廚師只要煮菜給顧客享用，但擁有一間碗盤店，就會增加收、送、洗三樣工作，其中，收與送就是粗重的苦差事，特別在那個時代，收、送全得依賴人力三輪車，首先要依據廚師的接案量(也就是桌數)，將其所需的器具堆疊到三輪車上(堆疊也是一門學問)，接著騎著三輪車將貨物載到目的地，如果目的地不是一樓，還得搬上樓後才能騎空車回店，「收」則是上述程序反過來做一遍，而收、送的次數或收送人力需求，則要視當天有幾位廚師的需求而定。

因此，碗盤店必須依據廚師人數聘請合宜的工人，由於店面剛頂下父親就中風，加上當時的接案，主要都是衝著父親名氣而來，所以一開始只聘一位工人，父親因為無法工作後，煮食就改由他所培養的小工(又稱女工，南部稱水腳)負責，至於「開菜單」及「買食材」兩件與成本息息相關的關鍵工作，則由母親承擔下來，母親開菜單時，我會在旁邊協助計算成本並跟著去市場買菜，因此，就發現外燴廚師只要好好做就能賺不少錢。

至於那粗重工作並不容易聘到工人，因為，除了要會騎腳踏車及搬運外，還得懂得如何把一堆不規則的器具堆疊到車上，在換了好幾位工人後才穩定下來，但沒多久卻發現所聘任的那位大哥，經常在出勤後就沒回店裡，隔天才知道他把客戶支付的銀兩拿去賭博喝酒，不但誤事也讓我們白做工，於是已經在上班的大哥利用偶而假期回來幫忙，而我則開始學騎三輪車，最後並成為我家的碗盤收送工。

　　當騎著三輪車行走在基隆市大街小巷時，才發現原來感覺平坦的路面，其實是上上下下的馬路，下坡比較沒問題，但上坡就得靠腳力，偏偏我沒有腳力，所以就必須拜託路人協助從後面推車；高三那年經常性的不論刮風下雨，只要有案就得清晨送貨，滿身大汗或雨水沖刷後，回到家沖洗乾淨再去上學，放學後再到客戶那邊把貨載回，晚上當然還是要寫功課。

　　慢慢的愈來愈多人知道父親中風，案量也就逐漸減少，面對一間店的開銷，母親逐漸撐不下去，因此在我高中畢業前，母親就把碗盤店給收了。

因為不相信主流媒體報導街頭運動的內容，於是開始自己上街頭，這張照片是我跟太太到台北地方法院公證結婚後，直接走進當天在台北舉辦的街頭運動。

備受期待的謝家長子

前面提到我大哥及大姐都大我十幾歲，事實上我有三位大我十幾歲的姐姐以及一位哥哥，但四位兄姐打從我年幼時就外出當兵、工作或嫁人，另外他們跟我都只有一半血緣，大哥跟我是同母異父，三位姐姐則與我同父異母，也就是我父親生下三個女兒十幾年後，才跟我母親生下我，所以我雖然有四位兄姐，但就謝家而言，我可是唯一嫡傳，在那個時代乃是謝家殷切盼望的結果，除父母親外，大姐跟大姐夫對我特別疼愛，因為據說如果沒有我的話，他們就得生一個男生過繼給謝家，只是後來他們倆也是生了一男三女的結構。

面對家人的期待，我並沒有感受到太大壓力，事後回想，應該是那個年代唯一的期待來自於課業成績，而我的課業成績即使在高三意外的打工過程，也都能維持不錯，本來大學畢業後，猶豫是否繼續唸研究所？但想到數學系畢業後出路很難拿捏，還好是大哥承諾會負責家裡經濟，而讓我放心考研究所，所以對於四位兄姐總是抱著感恩心情。

不過，從家人們對我的期待，反而讓我看到強烈「性別不平等」的現象，我有一位小我5歲的妹妹，每逢農曆過年，我的紅包一定比他多(雖然最後紅包都不會留在我手邊)，桌上的雞腿一定是夾給我，當時心裡頭一直覺得怪，特別是每次在妹妹面前吃掉那隻雞腿時，總感到很不自在，但在那個年代這一切似乎都很正常。

這社會不該存有任何歧視

不論是從小家裡潛在的「性別議題」，或是被學校編入「實驗班」特別照顧的現象，或爲了賺零用錢的豐富打工經驗，或高三因家庭變故騎三輪車在街頭「彎腰拜託路人」的情景，還是小學時代因爲壞脚而「被霸凌」的狀況，在在都讓我對社會的「弱勢」很有感覺。

長大後不管是親眼看見、媒體報導或電視、電影的演出內容，當意識到有弱勢者被歧視的情況時，總會自然地靠向弱勢，爲弱勢伸張正義或難過掉淚。

在參與家長團體的過程中，積極主張常態編班，因爲內心壓根就不認爲應該把學生依照表面成績分類，在教育部參與修法時，也特別關注弱勢族群的權益，早期實驗教育剛開始發展時，則積極跟實驗教育工作者一起推動各種法案，協助那些不適合一般學校的學生有多元選擇，另外，更關注特殊教育的狀況，在我參與的兩個全國性家長團體，都特別邀請特教家長團體加入，同時只要有特殊教育相關事務需要我，也都義不容辭地給予支持，我常跟家長團體的夥伴說「只要特殊教育辦好，我國整體教育就能辦好」。

至於在社區大學二十幾年的工作，高齡長輩是最普遍需要關心的弱勢者，不過，這些年愈來愈多一般學校畢業，有特殊需求的學員進入社區大學，除了在我自己任職的社大積極關心外，也在不同場合中提醒其他社區大學應該要關心這些特殊需求者，即便我很清楚對於沒有輔導資源的社區大學，特殊需求學員可能帶來更多的壓力與責任，但我總認爲特殊需求學員跟一般學員都應具有平等的學習權，不應該讓那些願意走出家門的特殊需求學員被拒於社大之外，反而會造成社會問題，同時也違背社區大學公民社會的理念。

看到長輩或行動不便者，因為人行道設計不良，導致需要冒險走在大馬路上，因此，忍不住就設法讓市政府重新鋪設人行道。

至於特殊需求的範圍則非常廣泛，包括一般人較容易辨識的肢體障礙者，也包含學習障礙、情緒障礙、精神障礙等，但不論是何種障礙，都有同等權利參與社會的各種事務，當然也包括終身學習，事實上，我常認爲每一個人都是特殊的，只是部分人因其特殊樣態而有國家賦予的特殊權利，但沒有特殊權利的人也都有其特殊之處，只是外表無法辨識罷了。

除了這些高齡長輩及特殊需求者外，還有不同族群的議題(原住民、新住民等)及性別議題(包括同志議題)等，也是我在家長團體及社區大學關注的議題，在家長團體還特別會去關注偏鄉議題，而在社區大學則因爲公民週的設計，三不五時舉辦與族群及性別相關的活動，讓更多人理解及認識不同族群與性別的課題。

這幾年到許多社大分享辦學經驗時，常會分享我在社大針對弱勢者的應對及處理的案例，我認爲關懷身邊弱勢族群，正是公民素養的展現，而且是重要的公共事務，但我也承認很困難，因爲多數人對於弱勢的敏感度不高，要跟弱勢者建立關係則更困難，但我還是期待已經有四十幾萬學習人口的社區大學，應該更積極關心學員中的弱勢族群，以讓更多弱勢族群走出家門終身學習。

我認爲這個世界不應該存在任何歧視，但我們經常受限於自己的經驗，以至於不小心會有差池，但如果能勇於反思並逐漸建立自覺，自然能免除許多不必要的誤會與衝突，也能讓歧視現象逐漸減少，社會就會往美好的方向發展，另一方面，我也認爲應該要勇於說眞話，而不是礙於權利或利益讓眞話吞在心裡頭，如果愈來愈多人說眞話，加上拒絕歧視，則社會將更公平與美好。

因爲自己的生命經驗，加上敏感的特質，以至於逐漸累積如上的思想，努力想讓歧視逐漸減少，但還差得很遠，需要有更多人一起努力，所以，也藉這篇長文呼籲大家一起來建構無歧視的社會，讓社會更加祥和。

靠信仰蒙拯救
在基督裡得享幸福人生

我是一位平凡的小人物蒙受了上帝奇妙的恩典。筆者出生於民國四十年代，在家中排行老四，從小在嘉義縣六腳鄉的鄉下長大。我的父親在我八歲時即因肝病過逝；母親茹苦含辛的把四個孩子撫養長大…。

文/ 黃榮村

灰暗的高中生涯，尋不著人生的方向和意義

筆者十六歲時考取了嘉義高中，許多人認為這是一所不錯的中學，無奈當時因著升學壓力，師長們對於學生的課業相當重視，經常給學生加強各樣的考試。但是，我一直覺得學校的生活很無聊、很難挨…；一度很想逃避，甚至於想要完全的放棄。在讀高中的期間個人深陷情慾的困擾，不知如何排解與面對，心情時常不佳，同時也養成了喜歡抱怨和謾罵的壞習慣，"考試靠作弊"，樣樣不學好…。後來我讀到了一本書"紅樓夢"，其中作者曹雪芹在書裡寫了一首 ＜好了歌＞

「 世人都曉神仙好，惟有功名忘不了。　古今將相在何方？荒塚一堆草沒了！
　　世人都曉神仙好，只有金銀忘不了。　終朝只恨聚無多，及到多時眼閉了！」

這首歌帶給我一種極為灰色的思想，認為人生完全沒有盼望，因為人只要一旦去逝了，他在世上所有的努力與付出都將全歸於虛無…。

到了高三那年，雖然勉強的畢了業，但是大學聯考卻名落孫山。既然大學沒考取，就只好跟著大哥去建築工地當水泥工小弟，於是每天都汗流浹背的…。心想：「難道我就這樣過一輩子嗎？」到了年底，剛好我二哥當完兵回來，他有意要到台北闖天下，詢問我是否願意一起去台北，於是我就跟著二哥連袂北上。到了台北，二哥安排我一面在餐廳打工；一方面也到補習班上課，準備再重考一次聯考，沒想到這回我竟然幸運地考取了文化大學。

大學時代開始接觸信仰
帶來生命的轉化與重生

在上大學之前，通常大專男生都需先到成功嶺受訓，沒想到我在受訓的當兒，慈愛的母親又因病過逝了…。這事對我的打擊（影響）很大，因為親愛的媽媽是我個人一生的支柱，人生最大的精神倚靠，竟然就這樣“永別”了！「那我接下來該怎麼辦呢？」此時我心中滿了悲傷、不捨與茫然…。所幸在大哥大嫂的鼓勵下方不致放棄讀大學；即至開學後到了華岡開始新生活，不久旋即有團契的人來邀我去團契聽演講，還記得那是中原大學的阮大年校長來講“不一樣的愛”，說：「有一來自上帝的愛會永遠與信靠祂的人同在。」，說：「神就是愛」、「這愛會住在你裡面…。」沒想到當時的這場演講使我感到非常「於我心有戚戚焉…。」

於是我就決志信主，隨後也受了洗；就這樣，我開始了信仰的追尋，經常在學校的團契裡參加聚會、受造就，過悔改、重生的生活。

記得有一回為了不再"考試靠作弊"，我在期末考的考試卷前流淚痛悔…；果然大一的微積分被死當了，我只好到大二時再行重新補修回來。還有一次，為了克制不住的情慾，我深感困擾與無助，就如使徒保羅所說：「我真是苦啊！誰能救我脫離這取死的身體呢？」「因為立志為善由得我，行出來卻由不得我…。」於是，我獨自一人進到附近的樹林裡去禱告，經長時間的流淚禱告、安靜和默想，終於聽見上帝安慰的聲音：「我必與你同在，成為你隨時的幫助…。」感謝讚美主！當我祈禱完畢從樹林裡再出來的時候，已是春風滿面、信心充足的一個人…。

聖經（哥林多後書5:17）保羅：「若有人在基督裡，他就是新造的人，舊事已過，都變成新的了…。」我信了主之後，生命與生活有了顯著的改變，從前喜歡說髒話和亂罵人，後來凡與我接觸和相識的人，就不再聽見有污穢和邪蕩的話從我的口中出來了。

中年體驗許多的艱難與苦難，靠主得勝

　　大學畢業之後我被調去小金門當兵，退伍之後又回到台北找工作。過不久經人介紹，就在一家小貿易公司當助理（作小弟）。後來也經友人的介紹，認識了一位相同信主的女友，經三年的交往之後我們便結婚了，婚後共育有五個小孩，算是"生養眾多"啦。當時為了照顧家裡，平日除了努力工作外別無他法，後來我發覺家裡的收支一直難以平衡，只好也就寅吃卯糧，靠刷卡和借錢過日子…；如此過了許多年，等到家中的孩子們陸續的大學畢業，開始有了工作，家中的財務狀況才逐漸地好轉（也獲得了改善）。感謝主奇妙的恩典！

　　我上班的公司，因著老闆舉家移民到國外，隨後又將此公司轉讓給我繼續的經營。在接下了公司以後，剛好有客戶需要塑膠皮，我就開始代理木紋皮的採購與外銷，前後共出口了許多的貨櫃，還好這些生意都有順利的完成；否則，依當時的情形，只需任何一筆生意的收款出了問題，公司很可能就要面臨經營上的困境　。

到了2011年，筆者發覺自己的身體有了異狀，右腹部經常隱隱作痛，經醫生檢查發現在腎臟有長了一顆腫瘤，幸好醫生即時進行了手術，並且成功地將腫瘤給切除方得以恢復健康…。記得當時我太太，她就帶著五個年幼的小孩守候在手術間的門外，她一邊禱告一邊流眼淚，心想：「萬一手術不順利，或者丈夫因罹癌而早逝，那我該如何才能順利地將五個小孩給帶大呢？」

回顧過去的日子雖然經歷許多的艱難與苦難，然而因著心中有主的同在，使我有足夠的恩典、耐心和智慧來面對人生各樣的挑戰。這期間除了經營外銷的業務外，在1995年主更感動我成立了一家出版社，前後共出版了幾本屬靈書籍，包括有：神的傑作（The Masterpiece in Christ)、基督的福音、照亮心中的眼睛、何等豐盛的榮耀、主必快來和預備主來…等。因著從主領受了負擔，也就很努力去完成它。感謝讚美主！藉著這些的書籍的確也祝福和幫助了許多人…。 主耶穌說：「我將這些事告訴你們，是要叫你們在我裡面有平安。在世上，你們有苦難；但你們可以放心，我已經勝了世界。」（聖經約翰福音16:33）。

退休後到神學院進修，整裝再出發

聖經（約翰福音10：10）主耶穌：「我來了，為要叫人得生命，並且得的更豐盛。」

到了2014年，因著經濟情勢和環境的改變，我便結束了出口貿易的生意，改到浸信會神學院去進修。在進修的期間，我不僅到過三間教會去實習（傳道），還曾受邀到印度清奈去學習服事（作短講）…。感謝讚美主！筆者在神學院的期間不僅嘗到了在基督裡的豐盛恩典，得享主奇妙的大救恩；在聖經的真道上也受了裝備和造就…。感謝讚美主！這時全家人也都一同的蒙恩得福，去年二女兒才剛生了一個嬰孩，讓我也順利當了外公，得享含飴弄孫之樂。

聖經（羅馬書八章1～2節）：「如今，那些在基督耶穌裡的就不定罪了。因為賜生命聖靈的律，在基督耶穌裡釋放了我，使我脫離罪和死的律了。」感謝主！因著筆者堅定的信靠主，便在主基督耶穌裡得了釋放，並且得享真正的自由！

體驗並分享在基督裡更豐盛的生命

聖經（以賽亞書60:1）：「興起，發光！因為你的光已經來到。」

從筆者的生命故事中隱約可見台灣過去一甲子的成長和蛻變。一、台灣在醫療和衛生方面有了長足的進步。目前國人的平均壽命約八十歲，全球1960年的平均壽命才五十二歲，可見平均壽命已延長了大約二十歲，我的爺爺和父親，我的母親和大哥都因病早逝，而我已年過六十了至今竟依然還健在，這實在是上帝的恩典。二、年輕人有了更多接受教育的機會。從前我家只有一人讀大學，到了我的第二代，五個孩子都陸續的讀完大學。三、物質生活已大為提升和改善。從前我們家相當的貧困，這也養成了我吃苦耐勞的習慣；及至我的兒女們紛紛的長大成人，不僅齊心分擔家計，還大大的提升了生活品質。感謝讚美主！回顧這許多的成長與改變，常使我心中滿感恩…。

目前筆者因著信仰基督的原故，心中有了堅定的倚靠和力量，不僅努力地把自己的家照顧好，而且還經常地藉由講道、帶聚會、出版書籍和透過網路…等方式來傳福音，分享個人的蒙恩見證以及聖經上的真理以祝福別人；總之，因著上帝的憐憫與幫助，使我真心且樂意與人──「同得福音的好處」！

如何才能「得著福音的好處」呢？其實，人只要真心的肯接受這位上帝所差派來的救主，他就可以蒙恩在主基督耶穌裡，過一個有主同在、得釋放，體驗有平安、有喜樂的全新的生活。聖經（馬太福音13:43）主耶穌說：「那時，義人在他們父的國裡要發出光來，像太陽一樣。有耳可聽的，就應當聽！」

結語：「"在基督裡"是一個很奇妙的救贖，因信而進入這恩典的人有福了！」

最後，我想藉此與您分享我去年改編的一首詩歌：「在基督裡真好」。願上帝施恩憐憫您（且大大的賜福您），使您在主基督耶穌裡也同蒙這奇妙的大救恩。阿們！

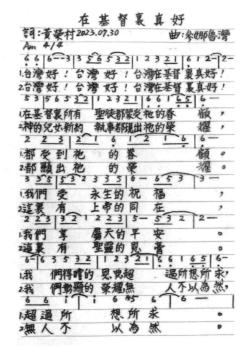

心隨境轉，閒聊
我隨意的人生

文/ 徐慶柏

　　私下，我自認還算平易近人，有時小酒喝喝（最近特別喜歡威士忌）、美食吃吃，也會呼朋引伴，瞎聊人生或訴說近況；這類型聊天，多半不帶有半點目的性；我喜歡這種輕鬆的交流，言談間，各式的話題不拘，有的話題引人深思，有些話題令人莞爾一笑，有些則是發發牢騷。這是第一次，有別於過往的隨意交流，第一次以文章的方式胡謅分享；雖然無法得到面對面的回饋有點可惜，但至少先將我的想法與經驗傳遞出去。

　　這篇文章的前半段分享了我的過去，可說是個人的小傳；後半部則是分享工作歷程中的經驗與所見所聞。對於我這個長期投入在研究工作的人而言，文字要寫的平易近人，不那麼教科書、死板，不是那麼「舒服」的事。但最終，還是硬逼著自己完成了；如果讀者還是覺得生硬，抱歉，作者還會持續努力。

2024年受邀在101大樓進行演講是一個有趣的體驗

責任與創意：關於我" 誤入歧途的過程"

　　這是身為1980出生、六年級尾段班、家中三子的老二、X&Y世代分水嶺的我所保有的一段記憶。

　　記得在國小的時候，不管任何作文題目，只要結尾朝向「中華民國萬歲」、「描述國父孫中山偉業」或「三民主義統一中國」去發揮，通常可以獲得中等以上的成績；其實內心也不知道為啥要這麼寫，雖然父母對我的學業沒有特別要求，但混個高分也是不錯。這大概是啟蒙我胡亂寫東西的起源吧，有一次還獲得作文比賽第三名；其實我文筆不好，獲獎主要原因大概是字多，寫了一萬多字，當時不環保的年代要先寫草稿，再謄到稿紙上，抄錯自己的作文只能換張紙重來，浪費不少紙（我超容易寫錯字阿！！！）。

　　一次在八股作文題目：「我的志向」裡，我寫著「我想當研究者、學者」；現在想想也算是志向實現。在國小的日子裡，非繁華都市的經驗，也就跟多數鄉間小孩那樣－「都在玩」；比其他同齡小孩多一點的是，被導師（吳秀燕老竹師，這是我永遠感激的人之一；雖然挨了她不少板子就是）發掘了些許美術的天分，因此國小去報了水彩補習班。這時期對於未來，啥也不懂，除了玩、惡作劇和塗鴉外也沒幹啥令人驚豔的事；但惡作劇和繪畫倒是讓我對事物的想像力、規劃力和反應力有了很好的刺激。

2023年與新創企業、協助新創成長的夥伴交流

全開繪圖紙、課本的角落、書本的翻頁面、資料袋、書包、畢業紀念冊等，各式大小的面，在下手亂塗之前都必須快速想好要畫那些東西，各自的元素要占多少面積，成品大概的樣貌都必須先要有個"印象"。而惡作劇雖然令周遭的人會感到痛苦（在此向忍受我成長過程中負外溢效果的親朋好友、鄰居以及不認識的人道歉，沒有你們寬宏的心胸，我大概很小就被捏死了），然而為惡後被大人發現，挨罵與挨棍子，也讓我學到「承擔自己的錯」與「即時道歉的勇氣」；而上述這兩項特點，在我日後的工作生涯起了很大的作用。

關於領導與統御，國小時期當了很多年的風紀股長、在國中時短時間當了籃球隊隊長（半年，沒錯只有半年，成績就下滑，之後我老母大人打電話到學校幫我退隊；沒有任何要生氣的地方，就怪自己沒法子兼顧）甚至是念高中時辦聯誼時（男校，嗚嗚嗚，我念男校；搞了聯誼也沒有女朋友，典型的搭橋做白工），人與人之間的關係維護、養小圈圈、出餿主意團建等，也是一種很有趣的體驗，至少對於人性，早點了解是好事。

除了上課念書，高中空閒時間多半花在打籃球、補習；在時間配置不佳以及不積極規劃自己未來的情況下，我重考了（自己混，除了自己要還，父母也辛苦‧‧‧哀）。在高雄重考的日子，也是獨立的開始，新的環境、新的朋友、新的日常；好處是適應得挺快的。幸好駑鈍的天資透過補習班的壓榨，也讓我在隔年吊上一所私立大學念，所幸在大學的歷程中認識了現在的老婆，也在大二那年決定考研究所。

　　影響我人生最大的事件，應該算是大學志願選了經濟系吧，雖然碩士博士也是在相同領域鑽研。但歸根究底，選經濟系也是老爸大人建議的結果就是。

　　在經濟的領域中，常聽到的課題是「如何在有限的資源下做出最適的分配」，這話雖然簡單，但直到現在工作時，在執行各項任務過程中仍十分受用，這真的是一門學問。如果撇除學術和知識的養成，博士班求學過程中令我最受用金句，則是來自我的其中一位指導教授（沒錯，我是共同指導，幸好兩位指導老師是好友關係；不然可能有其他悲劇發生，有共同指導經驗的會懂）；他說：「所謂的經濟學，就是很有邏輯的胡說八道」。乍聽之下覺得很戲謔，但隨著日子經過，也成了我兼課時的金句；有時我也會在課堂上說：「我的功力只有我老闆的一半，我只學了胡說八道那一半」。語畢，通常學生會大笑···

　　博士班的訓練，通常是訓練一個人成為某領域的學者或專家；但如何靈活運用所學到實務上，可能不是每一個學門的訓練都可以如此貼近社會現實。以我自身為例，在經濟學鑽研的道路上，我的訓練主要在個體經濟學、空間計量經濟學、勞動經濟學、區域經濟發展、效率分析等子領域；但在投入智庫的研究工作後，轉而以新創生態系發展、新創早期投資、新興領域或產業趨勢分析（如：物聯網、機器人、無人機、自駕車及互聯網）、商業模式分析···等等。

　　在常人眼中，我學習的專業以及後續的工作有一段不小的距離，而這大概也算學非所用、誤入歧途的一種吧。然而，由於工作內容的特殊性，常會接觸到不同領域的知識，要能做到跨域學習，或是在有限時間內成為該領域的半個專家，這有賴於就學期間的訓練與打下的基礎。

2022年當初指引我選填經濟系的父親，現在已經當爺爺了

在面對問題時，要將問題減化非複雜化，要與社會溝通，通常與「如何在有限的資源下做出最適的分配」以及「很有邏輯的胡說八道」這兩個金句有莫大關聯。首先關於問題的簡化，必須要先針對問題的剖析、內部與外部條件、時間等因素進行切割（或稱為結構化）；這某種程度就像在解聯立方程式一樣，需要先區分內生變數與外生變數，不論是直接聯立求解、代入法、矩陣解等方式（手段），都需要建立自己獨立思考的做事邏輯。然而，由於成長背景或專業訓練的差異，每個人都對於事情的見解也都大相庭逕，以研究團隊、企業或是社團等組織型態來運作，與工作夥伴溝通或甚至是進一步做到向上管理；快速歸納資料並有條有理（邏輯）、清晰的口述（胡說八道），是讓事情加速發展或執行任務的重要技能。

上述的技能讓我在智庫生涯中，能在「新創企業協助」與「經濟研究者」兩者間無往不利的切換；以下就來談談關於「切換」這件事。

做為一個創新創業前進觀察員與經濟研究者

作為一個經濟研究者，要對創業家提出建議，常遭受的質疑是，「你不是創業家，為何能為創業家提意見？」這句話多半帶有質疑的意味，但相同的邏輯，「沒生過小孩就不能養兒育女？」為了不引起太多不必要的誤解，對於企業端提出輔導與建議的邀約，我通常是回復：「輔導我大概沒資格，但是陪聊天我是很樂意的」。所以，以下就開始我的閒聊。

自2015年開始，由於工作任務需要協助新創企業募資，也因開始在所謂的「新創圈的外圍」開始鬼混。以單一筆新創投資的交易觀察，必須要「獲投的新創」以及「投資者」雙方都在此項交易中呈現「願意且能夠」的狀態。

換句話說，對於新創而言，能否創造出與公司匹配的估值，願不願意以一定的比例出讓股份，換取投資者的資金；對於投資者而言，則是要能夠接受新創提出的企業發展規劃、願意認同企業未來發展的潛力。只有在資金供給與需求者雙方都認同該筆投資，交易才有機會完成；而這也是經濟學原理所說的，交易雙方達成「均衡要件」。

其實在交易達成之前，甚至是交易完成後都有更多的過程與細節鑲在其中。對於智庫研究者來說，找出影響交易完成或是交易失敗的因素都很重要；如果是非市場因素造成總體交易量不振，對國家而言可能會造成長期性負面的影響，此時智庫就必須擔起政策建議與制度設計的角色，建議政府可執行那些政策措施以修正市場機制不彰，或設定政策目標以鼓勵、活絡市場。另一方面，從協助新創企業募資的角度來觀察，在投資交易事前工作不外乎更了解自己需要哪類型的錢（如：加速器、天使組織、創投還是策略性投資者，不同投資者類型因為其偏好、投資目的、資金來源、組織運作模式不同，而可能造成領域、階段、投資模式、投資階段、或是投資金額等差異）、對於資金使用規劃、股權結構設計、原有股東以及團隊共識…等，都必須有充足的準備。否則在進入到雙方的交易評估期，一有資訊未充分揭露而又無法說明時，交易就很容易破局；不然就是完成交易後，投資者與團隊產生溝通障礙，而使得企業發展走上不好的路。

其實，所有複雜的商業行為都可以被簡化，或者說這和做人的基本原則是一樣的，如果要進一步簡化並以一個詞來表示，我個人選擇「信任」這個詞。

2018年到北京大學光華管理學院進行創新創業研究交流

越是早期的公司越是難以用數據評估是否爲「好公司」、「值得投資的公司」，所以最後投資者決定投資的主要因素前兩項大概會是，「創業團隊」以及「賽道」；後者多半指的是整體趨勢、市場機會以及策略布局的需求等較爲總體面的因素，雖然不容易精準掌握，但仍有些國際調研的數據可以參考（只是有時數據取得成本不低就是）。而前者創業團隊不但要有核心能量也要有穩定的協作能力，一旦創業團隊溝通有問題，或是在企業成長過程中有過多的糾紛，如果沒有及時妥善處理，失敗恐怕也是遲早的事。因此對於投資者來說，非親非故，要能從口袋拿出錢給陌生人使用，而且知道投十個案子，可能有八、九個案子無法回收的前提下，還願意投資，其實眞的是非常不容易。

2018年Steven S. Hoffman是矽谷知名天使投資人也是頂尖新創加速器Founder Space的創辦人暨執行長，其著作「讓大象飛」一書讓我獲益不少。

　　作爲一個創新創業前進觀察員，在一個相對安全的環境看著新創企業形成，專心做好產品與解決方案，找錢、找人、找資源解決遇到的困難；開業營運的每一個日子，都需要面對6個月後公司是否存亡的壓力，潛在投資人一家一家的找，一家一家的約訪，業務不成長就得死，對創業者而言也是另一個不容易。

　　每每想到這裡，就覺得搞創新創業的，無一例外，都是瘋子；而也就只有瘋子才會拿錢給瘋子花。企業成長的過程就像一層被子，鋪在企業的表皮之上，底下有許多酸甜苦辣，被埋在看不到的地方。也或許是這種瘋狂的行徑所創造出來的創新，才有辦法大破大立，也才有辦法帶著人類走到另一個階段，做到眞正的解決問題。

　　所以，對給錢的（投資者）、需要錢的（新創公司）社會需要多給一些支持，而社會也需要用創新的方法來解決社會問題。酸言酸語或是漠視，不會讓整體環境更好；提出意見只是改善環境的第一步，動起來付諸實行，事情才有個開始。當不了投資者，可以嘗試使用新的產品或新的軟體，也是一種好的參與方式。如果你是有「豐富資源的人」，不知道如何投資新創，直接投資創投也是一個方式（不過前期評估工作也有得搞就是）。

這篇短文中不是結語的結語－對於年輕人的未來

距離半百，還有幾年的時間，也許是生為兩個女兒的爸，對於年輕人的未來比較關切。這幾年有機會透過兼課方式在大學任教，跟其他老師的發現完全相同－時代變了，學生行與授課方式也變得不一樣；而這個不一樣，好壞參半。

也許是環境較過往「滋潤」加上資訊的發達，上課板書少了，投影片多了，學生學習相對方便，但授課速度卻也因為如此加速了不少；此外，知識的密度增加，學生稍有不注意或是分心，要追上進度就會比較辛苦。在課堂中也發現，學生之間存在數位落差，數位工具的使用似乎慢慢普及，但也有一群人沒被數位的洪水淹沒；唯一的共同點是，學生的字普遍都不太好看，使用的文詞豐富度也不高（這點我也一樣，慚愧、慚愧）。

我相信下一代的工作型態或是工作機會，有很多是現在沒看過的。例如：30年前並沒有網紅YouTuber這樣的職業，直播帶貨的也只有購物台；太空旅行也還是個夢想（2001年首位太空遊客美國富商Dennis Anthony Tito透過贊助俄羅斯和平號太空站得以完成首次平民太空旅遊，2022年SpaceX的成立為太空科技的發展引入新的商業模式，讓世人知道太空是一門有機會賺錢的生意），因應ESG的發展所出現的永續管理師、碳排管理師也是前所未有。

科技與資訊的持續發展，促使需求產生質變，消費者習慣的養成也成了創造新趨勢的動能；例如：智慧型手機的使用，取代了數位相機，透過通訊軟體溝通降低了室話與非網路通訊的使用，而支付方式與手機的結合也使消費者攜帶的現金減少了。

對於未來青年的發展，我的內心仍保持樂觀，他們有更好的機會與準備走向全球，但築夢仍需踏實；先眼高（Aim High）手低（打好基礎），才能勇敢追夢（這話我現年9歲的雙胞胎女兒們大概還聽不懂吧，哈哈）。

樂觀小天使的生命故事 　　　　文/ 宋春美

　　這世上沒有十全十美的人，但我相信只要心中懷有真、善、美，這世界怎麼看都會是美麗的。

　　兒時的我沒有同齡孩童們該有的嫩滑白皙肌膚，我有的是長著許多看起來黑黑髒髒的斑點及大大小小的肉瘤，同學們看到我，就好像是看到怪物般的對我避之唯恐不及，給我取了許多不好聽的外號，因此我幾乎沒有朋友，也造就了一個沒自信又自卑的自己。

　　直到有一年，外婆帶我到一位認識的外科醫生求診，經過化驗報告檢查後才知道，原來我皮膚的病叫做「神經纖維瘤」。醫生說病因可能來自遺傳或基因，會隨著年紀增長會愈益增生，現在醫學尚未發現可控制的藥物，只能放任它與它共存，天呀！這樣的消息對我而言真的是晴天霹靂。

　　我不禁想起曾經遇過病情較嚴重的病友們模樣，眼淚便不聽使喚的奪眶而出，因為我知道有一天，我終將變成那個樣子，這無藥可醫的無力感、無語問蒼天的宿命真的讓我憤憤不平，但讓自己靜下心想一想，這世界上有許多患有更嚴重惡疾及為病所苦卻仍不放棄的人，我們更加要勇敢地去面對。

　　現在，我覺得自己其實是個幸運兒，因為一個機緣讓我跟一位師父結緣，師父要我多做善事廣結善緣，我聽了師父的話一直做到現在，慢慢地我發現身邊的朋友越來越多，朋友們不會嫌棄或排擠我，很多人還說我的五官長得很漂亮，常常鼓勵我給我自信，讓我從悲傷中漸漸走出來，現在，我發現自己已轉變成凡事都會樂觀看待了。

　　感謝我母親給我漂亮的五官，感謝我的好朋友們，讓我的生活變得多采多姿；人生短暫時數年，不要讓小小的不完美阻礙了自己的人生，把握當下、知足感恩，我願自己像小天使一樣，散播幸福快樂的種子，讓世界更美好。

一幅畫開啟心生活

文/ 楊婉含

　　一幅畫開啟我不一樣的人生路，同時也開啟創業之路。「藝起來串臉」粉絲專頁，成立於2015年10月9日，開始籌備「神經纖維瘤NF友」生命故事與肖像展，透過展覽讓民眾認識「神經纖維瘤NF友」，進而也推廣「臉部平權」理念，從線上臉部平權路跑開始。

　　參加路跑提昇自己的自信心與健康的生活，勇於挑戰自己開創屬於自己的人生馬拉松。2018年參加新北社企電商基地的成果發表會，看到多家社會企業的成果發表，當時有心輔犬、好康社企等不同的社會企業團隊，為了解決她們所看到的問題，用創新的方式讓來參加的民眾，能夠認識她們，而這場活動也為我的社會企業之路，種下小小的種子。剛好看到「新北社企電商基地」介紹進駐申請方式，當時就開始著手寫進駐的計畫。一開始的初衷就是希望讓我們神經纖維瘤朋友們，能有一個就業的機會。

　　自從2016年元智大學展覽及參加「市集」擺攤後，讓我們開始參與不同的市集，透過市集的擺攤與展覽，讓神經纖維瘤友顧攤及擔任顧展人員，透過自己與疾病相處的歷程，與民眾分享如何與疾病和平共處，神經纖維瘤不會傳染，我們身上的咖啡牛奶斑、有大有小的腫瘤，是我們的外觀特徵，但這些並不影響我們的工作能力。

　　進駐新北社企電商基地後，有許多創業課程以及業師的輔導，不管是計畫書的撰寫、會計財稅概念、交流分享等課程，收穫滿滿。

　　輔導的業師有介紹SBIR服務創新海選計畫，有新秀組，建議我們可以參加。當時聽完就開始著手寫計畫書，把自己想要做的事情都寫下來。需要送件的資料準備、計畫書的影印裝訂都一手包辦，就是為了達成助人助己的理念。有幸通過第一階段的書審，將進入決審簡報期。簡報過程中，許多委員也沒聽過什麼是「神經纖維瘤」透過這樣的方式，也是一個機會教育。

「藝起動手作，打造一個友善的就業園地」就是當時的初心。希望藉由每一位「神經纖維瘤友」的專長如：氣球、黏土、心靈繪畫、拼豆、運動等，到社區教學，讓參與的民眾在課程的過程中，能夠認識我們這一群學有專長的「神經纖維瘤友」，希望帶起更多NF友能夠一起走出來，迎接溫暖的陽光。

在等待SBIR公佈的過程中，看到新北市場處有一個「青年頭家暨優質攤商」的招募計畫。聽了招募說明會後，也勘察了三重中央市場場地，就決定提出申請，用17元的租金承租三重中央市場攤位，開始在菜市場擺攤、舉辦相關手作體驗活動、菜市場導覽、小老闆體驗等等。

企盼用多元化的創新服務與經營的特色，打造一個友善共融的神經纖維瘤友就業園地，落實「工作平權，從臉部平權做起」的理念，拋磚引玉讓更多企業與團體機關能夠一起響應與支持「臉部平權」的理念。

在2019~2020期間，有幸榮獲第一屆「新北社企卓越獎」的社會企業、新北好市金讚獎的「最佳潛力獎」攤商，當時攤位名稱為「純手作樂」，希望透過手作的創意與動手做的過程，帶給參與的朋友們快樂與喜悅。

市場處也提供相關輔導課程與攤商交流活動，讓我們在「菜市場」創業的過程不孤單，更有能量向前行。

更幸運的事情是通過全國的海選，順利獲選「經濟部中小企業處SBIR小型企業創新研發新秀組」也是創業的第一桶金，更增加與提升我勇敢創業與助人的心。

期間在三重、蘆洲地區安排多場次的手作與運動課程，小草與幾位NF友一起到社區擔任講師，以拼豆、黏土、氣球、繪畫與運動等，帶給阿公、阿嬤及親子們許多歡樂與回憶，同時也讓大家看到我們學有專長與正向的一面。

「藝起來串臉」在三重中央市場兩年的租金優惠期過後，還是持續承租攤位，雖然負擔多了一些，還是持續透過不斷的創新與發想，企盼能在「菜市場」中開啓「神經纖維瘤友」、顏損朋友、身心障礙者一個「創業的天空」。

透過菜市場的攤位，提供培訓與實習機會，讓想要在菜市場創業的朋友們，能事先做好準備，學習如何擺攤、店舖規劃經營與營運規劃的能力，一起為自己開啓屬於自己的人生馬拉松。

勇敢愛路跑 路跑心情

2013.12.23龍泉綠色隧道之旅，拖著行李，來到了無人看管之站~龍泉~一出站，只見到幾位阿兵哥坐在雜貨店門口聊天，看到他們~唉~回憶滿滿滿~帶著行李往後走，看見舊鐵道及軍營，心中湧出了許多許多回憶~

為了尋找夢想中的綠色隧道，與媽咪再往回走，憑著直覺來到了位於鐵道旁的龍泉巷，有一永明藥局，老媽果然厲害，與老闆聊了起來，老闆也很親切的與我們聊天，也介紹附近好吃的小吃，還說綠色隧道有流星雨可以許願哦！

好心老闆讓我們寄放行李，好讓我們開心的去探訪綠色隧道。回程與老闆道謝之後，到月台等火車，這時有位老婆婆慢慢的走上月台，主動來跟我們說話，介紹這裡也有民宿可以住，下次來可以住這裡唷！這時有位老爺爺一手拿夾子一手拿袋子緩緩的走向鐵道，去撿拾垃圾，口中還嚷嚷著，又是誰亂丟呀！因為火車快來了，我們也提醒老伯要注意安全。此時，遠處傳來噹噹噹的聲音，火車將進站囉~

旅人~~的下一站~~~

我的自學生活

文/ 張正謙

　　從小媽媽觀察我喜歡手作，於是在我國一上學期的時候就幫我申請自學，因為姐姐先申請自學，在她自學的那時有參加行動走讀的課程，剛好就遇見一個他兒子喜歡做鋼彈的媽媽，之後當我開始自學時就有聯繫那個媽媽能不能去他家跟他兒子學做鋼彈，他們也很歡迎我去學鋼彈。

鋼 彈

　　第一次去學鋼彈哥哥從基礎開始教我，先準備一個模型，之後用砂紙打磨，砂紙番號越小代表砂紙越粗番號越大代表砂紙越細，先用400~1000的砂紙打磨每個面，在這過程中主要要處理的是塑膠的表面收縮和湯口跟分模線，因為是初學者的關西所以第一件作品就只有表面處理，雖然這看似簡單，但在這過程中要有很多的耐心，因為有時零件很小不好打磨容易掉地上，有時會磨掉很多表面的細節，也蠻常會把一個平面磨到變斜面的問題，當這些問題產生時得要靠後續再把它補回來。

　　第二次去上課我跟哥哥說我想學舊化，我準備了一台車，這次前置作業一樣是先打磨，之後哥哥教我如何掌控噴筆的技巧，噴漆上色時要先用補土打底之後再噴上想要的顏色，最後再進行一些生鏽的舊化技巧，做完之後哥哥突如其來拿出一塊木板開始要教我做場景，先用壓克力打底劑做出土的質感，在用水性顏料做出土的顏色，最後再撒上草粉，之後我自己回家嘗試在做一次舊化，但不管怎麼做都做不出當時哥哥教我的效果，所以後來只好把這件事情先放一邊。

之後我想說來改一台鋼彈去參賽，在做這台的過程中也發現噴漆也不是一件容易的事，因為在過程中有時會有積漆或是橘皮的現象，這代表是漆噴太厚沒有掌控好所以要用3000的高翻數砂紙來整理表面靶機七的地方磨平，如果積漆很嚴重的話就要洗掉重噴，去參完賽之後雖然沒入圍但是在製作的過程中有學習到一些知識，在比賽過後我自己有練習用高光陰影做獨角獸鋼彈在這台獨角獸的感應框架我是有混夜光漆去噴，雖然夜光效果沒有到非常好但這個效果晚上關燈時是蠻好看的，除了做鋼彈以外我還會找一些素材進行改色匹如說重力星的藍芽喇叭跟快充頭……。

摺 紙

為什麼會有摺紙課呢？是因為我有一次和家人一起去花蓮旅遊，當時那位老師在花蓮市及擺攤，媽媽看到老師賣的作品很特別，於是就跟老師拿了一張名片，沒想到在多年後他就成為了我的摺紙老師。每一次要做一件新的作品的第一堂課，老師會先帶我看動物的解剖圖，之後老師會教我拉骨架（如果不是動物老師會直接從骨架開始），拉完之後會用自己做的紙膠帶把鐵絲包起來讓骨架看起來比較美觀，之後就會開始製作零件，當零件做完時會用熱熔膠黏在骨架上，重複這兩個動作慢慢的就完成作品了，我目前的作品有黑/白豹，大/小巨齒鯊，我個人覺得摺紙最難的是用紙摺出弧線，需要一點時間練習找到感覺自然就會了。

台中威逸盃

我去台中參加威逸盃國際模型比賽，這次我是用紙雕神龍、黑豹和巨齒鯊還有雷射切割頭城鎮史館去比，但都沒被評審選中，事後去問才得知不是我做得不好，而是沒有符合他們評比的機制所以無法給分，評審說模型評分項目有組裝、塗裝、細節、創意，組裝跟創意是有拿到分，神龍也有吸到評審的眼球但近看在顏色上就沒有層次太單調，而且我也沒有地台和場景，就像國語一百分但其他科目都零分，分數就都被拉下來了，所以評審鼓勵我朝評比的方向前進，下次再戰一次得獎機率就很大

我覺得我很幸運遇到教我做鋼彈的哥哥和摺紙老師，因為哥哥教我如何在鋼彈的領域往下扎根，也讓我知道鋼彈不只只有素組這樣而已，還可以把它改成自己喜歡的顏色和擬真舊化。摺紙老師讓我知道紙還可以摺成各式各樣的模型像藝術一樣，不是只能折出一般般的造型，最後感謝爸媽無條件的支持我，因為每次去花蓮上摺紙課的花費都很大，鋼彈的設備也是。最後希望我以後可以知道我學的這些要怎麼樣轉賺錢。

幫助別人成功是
我的快樂

文/ 張博威

————

多多創造自己被別人利用
的機會與價值

　　一個從國中二年級準備升上三年級的暑假期間,開始無師自通、自學吉他的我-張博威(阿威),萬萬沒有想過出社會後,會靠著這項學生時期自修的才藝—(吉他彈唱)讓我能養家活口,還能受邀到國內、外四處登台表演。我希望可以幫助更多人,可以擁有自己的舞台,甚至登上國際舞台。

　　在當時教育制度還是有(升學班)與(放牛班)的男女分班年代，阿威是桃園新明國中的升學班班長、糾察隊隊長、桌球隊隊長，還是當年省中上運動會桃園縣桌球代表隊的隊長，更曾經是全國第二屆中正盃巧固球比賽的冠軍隊(主攻擊手)之一，並當選國手。可惜！因為當年台灣【運動資源】不足下，我放棄了代表台灣(須自費)出國比賽的【國手資格】，讓位給學弟遞補我前往英國，台灣隊拿到了當年的世界盃冠軍，這件事是我一輩子不可能再重來的遺憾之一！

　　在1980年我唸國二準備升國三那年暑假的某一天，阿威看到姑姑因為彈吉他壓弦手指會痛，而把它晾在牆角不想再玩的(吉他)在向我招手時，我便(接手)姑姑的吉他與歌譜拿來自己把玩一下，沒想到當年開始這個舉動竟然影響了我的一生！？

　　在台灣當年還是(一試定終身)的考試年代，阿威是升學班的班長，在同齡的同學們都在準備拚聯考的國三時刻，阿威一開學便找了班上同學一起組樂團，開啓了FULL BAND的團練與假日課餘的表演時期。當時父母與師長們都很擔心我會因此而學業退步，可是我卻用在國三的上、下學期都以【模範生】的優異成績來證明我可以在學業、運動員、才藝表演、糾察隊…等(身兼多職)的潛力。

如今2024年我才能有【阿威總(兼)】的實力來一個人身兼多職的承接各種活動。就算是當年我在大專生時期，白天上課、晚上還要去西餐廳駐唱的情況下，也是能身兼班上的康樂股長、桌球校隊隊長、西餐廳駐唱民歌手、整個學程課業全部All Pass的學生身份，學業成績還有達到領獎學金的每科都超過80分以上的優異表現。這個學生時期的【多腳色養成訓練】，再加上我在軍中藝工隊的隊長全方位職務操練下，奠定了2024年目前屬於【樂齡階段】的我可以在接到演講、演唱、活動企劃等表演工作邀約時，仍然可以身兼多職的處理各項事務的能力！

　　談到喜歡幫助別人方面，記得在小學時期，有一回班上一位調皮的男同學正在欺負一個女同學，在她哭著向人求救之際，我看到周圍沒有人向她伸出援手，於是…我就立刻衝過去稍微用了一點(肢體阻擋)來制止班上那位男同學對女同學的繼續霸凌。從此！這位女同學當時就暗戀我一直到畢業幾十年後，去年的同學會上才再提起這件童年往事。讓我聽到這件遺忘的事情之後，也開玩笑說：當年如果跟我表白一下，我可能就會娶妳啦！我做事是不求回報的啦！

　　就是當年我這個仗義的行爲，變成日後我不計後果、喜歡幫助別人的人格特性。

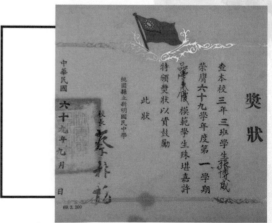

談到如何(不計後果)，就要從2001年阿威成為暢銷旅遊書總編輯開始談起，當時台灣正要實施周休二日制，我在嗅到了國民旅遊商機之下，便構思了一個規劃好一日遊、二日遊的旅遊工具書，讓台灣剛剛開啓國民旅遊市場的人們，可以持有一本好用的工具書出遊。(當然如果時空轉移到現在智慧型手機人手一機的年代，旅遊書就沒有太大的市場了。)

正因為2001年成為當時【旅遊達人】的我在考察研究了歐洲的旅遊市場後，看到了一個台灣未開發的藍海市場—街頭藝人。由於歐洲各個觀光景點到處可見的街頭藝人表演，在當時的台灣是會被警察取締與驅趕的。所以，阿威決定投入改變台灣街頭藝人合法權益的推動工作，這是台灣的一個文化改革、也算是一個公共空間【人權運動】的新里程碑。當年在公務人員跟我說：我們沒有這個業務職掌。背後就代表著政府沒有經費、沒有人力，當然更沒有經驗了。

在確定這是台灣政府未來必須做的方向下，我便決定自己出錢出力、做給全國各縣市政府官員們看，於是我便積極奔走全台租借場地，終於在【北(華山藝文特區)、中(台中公園)、南(高雄愛河畔)】舉辦三場大型街頭藝人嘉年華，當年在媒體報導與民眾佳評不斷的成果展現後，獲得政府官員與社會各界的肯定與好評之下，總算開啓了台灣街頭藝人合法化的里程碑，從此藝術工作者有了屬於自己可以發揮的街頭舞台，每年從政府大量教育資源下畢業的音樂系、美術系、舞蹈系…等才藝學生們，也不用再只有投入充滿【潛規則】的演藝圈，他們可以從街頭舞台開啓自己的演藝之路，加上網路直播盛行之下，許多街頭藝人接獲政府與國際邀約的案例越來越多。

終於！阿威在創辦【台灣街頭藝人發展協會】時，所寫下的協會宗旨：為推動台灣之街頭藝術表演，傳承與發揚街頭藝人之特殊技藝，使台灣街頭藝術得以興盛，並登上國際觀光舞台。我當年立下的這個目標也在許多優秀的街頭藝人相繼登上國際舞台表演，並獲得大眾媒體與網路瘋狂的傳播之後，順利達成了我當年創辦的宗旨與目標。

　　阿威還因為推動街頭藝人合法化運動下，整體帶動了台灣超過１００億文創商機而獲邀到總統府演講，更因為創造無數的就業機會而獲得勞動部的第二屆【勞動典範】個人獎殊榮肯定。

　　然而，整個街頭藝人合法化這件事情的經過與發展，決不是以上這麼輕鬆的幾段文字帶過就能夠完整敘述。大致上我可以整理為一本【九因真經】來說這段歷史經過的九大事件。(附註：九因真經，指的是台灣街頭藝人發展過程中九個重大事件的經過情形。再加上早在2012年我出版的【街頭藝人葵花寶典】，就可以組成台灣街頭藝人的武功祕笈啦！)

　九個發生的重大事件
　因何而起的感人事件
　真實事件是如何發生
　經歷了甚麼精彩過程

一因：因為我發現台灣旅遊市場在國際競爭下的需要。

　　記得在2001年我的第一本旅遊書【台灣逍遙遊】上市即衝上所有通路銷售排行榜冠軍的時候，我便成為了當年的台灣【旅遊達人】之一，除了受邀到北、中、南誠品連鎖書店的演講簽書會之外，也獲邀前往中廣流行網開闢了【阿威帶妳台灣逍遙遊】的旅遊單元節目，每週提供旅遊資訊給聽眾朋友如何規劃一日遊、二日遊。在當時台灣剛剛實施週休二日的時候初始期，我可是從書本、廣播、網路3D立體式的提供非常受歡迎的旅遊達人。

　　但是在考察了國際旅遊市場的歐洲後，阿威驚覺法國每年有上億旅遊人次的造訪，而西班牙的巴薩隆納城市的一條街，可以因為街頭藝人盛行而登上Discovery的全球13條名街之一！台灣當時每年卻只有區區2、3百萬旅遊人次…，我在【自費】考察歐洲之後，發現了台灣觀光景點缺少的軟體元素【街頭藝人】。可能因為我本身在學生時期就是駐唱民歌手的關係，當我在歐洲旅遊的時候，常常是被各種異國音樂與舞蹈的街頭藝人給吸引駐足，在露天咖啡座喝下午茶時，能欣賞到一位黑人街頭藝人吹奏薩克斯風的優美旋律；在排隊準備進入博物館時，有一位銀白頭髮的老歌手，彈著一把古典吉他與他渾厚的歌聲；在排隊等候進入凱薩大帝的溫泉浴池時，廣場上有一位長髮飄逸的女生拉著優美而如跳舞般音符的旋律……

　　當時在我的內心裡就此立下了此生必須要為台灣做的一件【對的事】了。

二因：因為當時的台灣政府沒有經驗(文化部門沒有街頭藝人業務職掌)。

　　我在2002年向文化建設委員會(如今升格為文化部)、還有台北市、台中市、高雄市三大直轄市提出要推廣街頭藝人證照合法化的構想時，得到的回覆是：我們沒有這項業務職掌。我還曾經直接投書各大媒體的民意論壇，刊登出來後得到廣大迴響，甚至我還直接寫信給當時的交通部觀光局、文建會…等，大力提倡推廣街頭藝人可以帶動文化與觀光的發展，可惜當時得到是冷處裡的回覆公文。因此！我開始擬定作戰計畫…

　　台灣政府官員比較會跟民間社團領袖對話，民意代表更會在選前積極關心社會弱勢團體。於是我便籌組了【台灣街頭藝人發展協會】，展開了台灣街頭藝人證照合法化的推廣行動。

　　在當時政府都沒有相關人力與經費的情況下，我只好自己出錢出力來示範給政府官員們看，分別在台北市【華山藝文特區】、台中市的【台中公園】、高雄市【黃金愛河畔】等，以協會的名義租借場地，自己出錢出力的舉辦了三場【台灣街頭藝人嘉年華】活動，主要活動架構是以街頭藝人考試的活動內容，對外則是一場多元文化的街頭藝人嘉年華方式呈現。我還行文給鄰近的縣市政府，請他們前來指導與觀摩，結果！活動隔天的新聞總是寫著：昨日台中市政府在台中公園舉辦了一場街頭藝人嘉年華會……。

　　當時媒體竟然把我自費主辦的活動(成果)，都寫成是官方主辦的功勞啦！(這件事情我至今也都沒有要求媒體更正過，因為我只是要為國家社會做對的事情，不會去計較功名。)也正因為我的這個【傻瓜行為】才開啟了後來各地方政府請我去指導而開始接手主辦台灣街頭藝人證照合法化的里程碑。台灣應該各個領域都有很多像阿威這樣的傻瓜哦！

三因：因為澳門政府向我提出【國際藝穗節】的演出邀約。

　　就在2003年4月20日我剛剛收到內政部發出【台灣街頭藝人發展協會】正式成立的公文後，我竟然就收到【澳門政府】官員親自來到台中，邀請我組團前往澳門參加2003年【國際藝穗節】的演出。這讓我欣喜若狂、信心滿滿，覺得我所做的事情一定可以讓台灣街頭藝人文化蓬勃發展下去的。

　　也因為我帶團前往澳門一個月的演出經驗，讓我決定要回台灣推廣【台灣國際街頭藝術嘉年華】的目標，就在阿威向台北、台中、高雄三個直轄市提出企劃案後，當時讓高雄市政府拔得頭籌，邀請阿威前往剛剛整治好的黃金愛河畔，舉行了【2004年高雄國際街頭藝術大匯演】活動，讓愛河一夕之間晉升為國際遊客票選【台灣八大旗艦景點】之一。

　　爾後許多縣市政府也相繼效仿阿威的高雄模式，舉辦了許多國際性的街頭藝人嘉年華活動，我應該是幫一般民眾打開了國際視野，不用出國就可以欣賞到多元化的國際性街頭文化展演活動。

四因：因為我被媒體採訪封為【台灣街頭藝人教父】。

　　由於我開啓了兩岸三地的街頭藝人證照合法化運動，因此，來自海內外的各媒體、學術單位相繼採訪與報導，連新加坡媒體、大陸的官方單位都飛來台灣採訪我，新加坡大學、上海大學研究所、香港藝術學院、台灣各大學的學生們也相繼前來向我訪談取經。在某次的電台專訪我時，主持人開場還介紹我是台灣街頭藝人的國父、祖師爺！但其實阿威剛推動街頭藝人合法化運動時也才三十多歲的年紀，好像承受不了這個重量級的封號，於是在一次報紙專訪時我便主動跟媒體建議用【台灣街頭藝人教父】這個名號吧！因爲當時我要教育官員、警察、藝人、民眾、學生、第一線場地管理人員等，苦口婆心的不斷宣導下，我可說像是一位傳道者的身份，因此【教父】這個抬頭應該是比較適當啦！(其實當時阿威是認為國父短命、祖師爺又好像需要留長鬍鬚才像啊！阿威那時才30幾而已…)

五因：因為街頭藝人在各政府公告的
　　　 表演場地被驅趕。

　　由於街頭藝人證照合法化推動初期，許多縣市的場地管理人員與警察人員並未同步接收到這個政府的新政策。因此！全台各地相繼發生有街頭藝人被第一線現場的管理人員驅趕的事件，後來我還建議台北市政府，應該要主動告知警察人員，街頭藝人已經是政府的重要文化政策一事，不指不能隨意取締，還要適當給予保護這些文化種子。

推動初期包括我本人在台中市政府網站上公告的表演場地【台中市民廣場】表演時，都遭遇到台中市政府的聯合稽查小組前來驅趕，不准我在該處演唱！？當然因爲我是【台灣街頭藝人教父】的角色，所以，在經過我【曉以大義】之後，稽查小組人員便收隊回去，而我與夥伴們繼續在該處表演，我們街頭藝人受到民衆熱烈的擁護，直到該區域演變成今天台中市的知名觀光景點【台中草悟道文創步道】。

我想政府類似這樣在執行一個新政策，缺乏橫向溝通與宣導的情況，應該是還有很大的進步空間。

六因：因為政府要頒布禁止街頭藝人使用擴音器。

就在街頭藝人在台灣城市與觀光景點四處出現後，因爲噪音問題常常被民衆檢舉，造成不少的問題浮現。竟然有少數幾個縣市政府開始行文公告，要禁止街頭藝人使用擴音器！？身爲【台灣街頭藝人教父】又具備國際觀的我，怎麼可能漠視台灣政府這項錯誤的政策出現呢？於是我邀集街頭藝人主動前往台中市議會向胡志強市長陳情，也曾經在出席座談會的機會當面向台北市長柯文哲陳情台北市文化局發文淡水捷運站將要禁止使用擴音器之事，各地的禁止使用擴音器公文發出之後，都在阿威積極幫街頭藝人的生計陳情之下，終於都讓各地官方收回成命！試想如果街舞的表演者，沒有了音樂怎麼跳舞？特技、魔術等街頭藝人，沒有了歡樂的音樂，觀衆欣賞時怎麼有氣氛、表演者怎麼會有勁？
問題的關鍵在【甚麼是噪音】？

我因爲是長期站在第一線表演而推廣大家一起加入街頭藝人的行列，因此而研發出一套【街頭藝人ABCD守則】，讓我在二十多年的街頭藝人表演經歷中，沒有被開過噪音超標的罰單。(如右圖所示 A m p l i f i e r、B u s k e r、C o n s u m e r、D i s t a n c e)

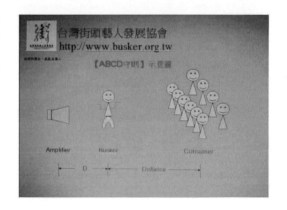

曾經有次在環保局人員來監測我表演場地的噪音時，他要求我停止演唱，要監測環境噪音分貝數值來比對我演唱的噪音數值時，竟然測出在我停止表演時的環境噪音已經超過他說的噪音分貝數值！？連監測人員自己都傻眼了。

其實我曾經查詢環保署官方網站的執行細則，如果沒記錯應該是接獲檢舉環境噪音監測時，應該是進入檢舉人家裡，然後離窗1公尺以上、離地1.5公尺關窗監測噪音，或是戶外在鄰近建築線1公尺處監測才是正確的做法，絕對不是在喇叭前方1公尺監測。

重點是：政府官方的活動可以用搭設高架的喇叭牆來擴音，街頭藝人不能用小型擴音器來做街頭表演？這是相關法規執行上的盲區！也讓我為街頭藝人打抱不平啊！而環保局相關人員會跟我說：你可以去檢舉啊！這是台灣民主法治上的嚴重【缺陷】，還有需要努力改進的地方哦！

七因：因為國內外演出邀約與鼓勵相繼而來的使命感。

因為我接受到許多媒體專訪與報導，還有各界學術單位的專題採訪與演講邀約，發現真的有很多年輕人與退休的人們，都很希望可以投入街頭藝人的行列。除了可以展現自己的才藝之外，也是退休生活的另一個交友與對自我肯定的方式。

我也曾經獲邀帶團出國表演到過很多地方，發現這些多才多藝的街頭藝人們，真的很缺乏表演的機會與平台，因此，我默默地向海內外的電視節目推薦優秀的街頭藝人，許多藝人接到通告根本不知道是我向廠商介紹的。在各地活動邀約來時，我主動推薦優秀藝人給廠商不遺餘力。

當然，最讓我開心而有熱情繼續站在街頭演唱的主要動力，還是來自許多街頭演唱時，熱情觀眾遞給我的加油小紙條、貼心速寫作品、甚至是主動餵食的飲料與點心…等等，因為這些民眾給予我的鼓勵與肯定，才是使我二十多年來持續推動下去的【POWER能源】啦！

八因：因為台中市阿拉PUB夜店失火事件

在2011年3月6日晚間台中是阿拉PUB失火事件，當晚我是持續看著新聞快報，陸續報出死亡人數與姓名的時候，我是一邊掉著眼淚、一邊在想著該如何做？……

隔天我便號召街頭藝人們站在經國綠園道(現為草悟道)，讓我們每天晚上來為台中市營造一個可以讓市民安心又安全的音樂天地。經過我們每天晚上持續演唱之後，經過幾年發展下來台中市才有今天的觀光亮點【台中草悟道文創步道】

取材於今周刊834期報導阿威與夥伴們的壯舉

附註：我這樣堅持為台中市營造文創廊道期間，還遭遇到【跳舞團體的爭場地事件】、【聯合稽查小組阻止表演事件】、【台中市政府跨部會會議事件】、【阿威自焚事件】…等等，這些精采故事礙於篇幅有限，以後有機會再出書一一分享說明吧！

九因：因為我成功幫助一位全身癱瘓的女孩

　　我推動台灣街頭藝人合法化運動已經二十多年的時間，它幾乎佔去了我人生中最精華的青壯年時段，在思考如何寫這篇文章的時候，其實還有許多很精采的故事很想分享給讀者。最後就以我曾經協助一位全身癱瘓的女孩重生的故事來分享我幫助別人成功的喜悅吧！

　　有一段時間，我每個星期四的晚上會前往豐原署立醫院，用我說說唱唱的演唱風格來慰勞一些病患與家屬。後來有一位由外籍看護推著坐在輪椅上的少女(我叫她ET)每週四都會準時來聆聽我的演唱，就這樣讓我對她印象特別深刻，直到有一天她沒有出現在我的演唱時段……(原來她轉院了，由於健保制度的關係，她必須每住院一段時間之後，就必須轉換醫院續住。)

　　後來我收到她的私訊，告訴我她轉院到台北石牌的榮總醫院繼續治療，心想剛好是我姑姑服務的醫院，於是我便麻煩姑姑幫忙尋找這一位轉院女孩的住院病房，準備找時間去探望她。沒想到從姑姑給我的資訊中知道，再過一個多星期就是她的20歲生日。於是我心中便計畫著給她一個難忘的20歲生日會，我找了兩位朋友同行，我們從台中北上到台北石牌榮總，順路買了一個蛋糕，當然帶著我的吉他，在護理站人員協助開門之下，唱著生日快樂歌、端出20歲的生日蛋糕，緩緩走進病房……,我發誓！我看到她幾乎從床上彈跳起來！

　　在許願吹蠟燭之後一邊吃蛋糕的閒聊中，知道她是跟同學騎機車去環島旅遊時，因為疲勞而在南迴公路上自撞的車禍中，撞斷了頸椎而全身癱瘓長期臥床的。我鼓勵她還有嘴巴可以用啊！於是她便開始在看護的協助下，勤練口琴，直到我再次去探望她時，鼓勵她與我一起去台北市立陽明教養院的慶生會義演上，合作【望春風】這首百年傳唱的歌曲。一方面給她一個努力的目標，另一方面也給教養院的病患與家屬們一個成功復健的案例，可以激勵他們。

　　就在我們順利完成台北市立陽明教養院的慶生會吉他+口琴的合奏之後，如今的ET已經是一位在新北市上班的有證照社工師，開始為社會貢獻自己的一己之力了。還記得她的第一場公開演講分享會在中壢，我還特別撥空從台中開車上去聆聽，給她加油！
我有了這個非常特別的【助人成功】經驗之後，後來也在勞動部中彰投職訓中心的身障人士街頭藝人班職訓課程中任教，幫助許多身障朋友成為街頭藝人，展現才藝、自力耕生、養家活口、活出新生活。阿威也因此事蹟獲得中彰投勞動部【勞動典範個人獎】的殊榮肯定。

　　我想的不是我自己能夠多成功，我想的是幫助更多人可以成功，那種成就感應該是比我自己可以成功成名更快樂哦！

半生戎馬
護家保國
覺知覺醒
養生揚升

文/ 張瑞麟

　　身心靈的議題在近幾年來已成爲全民的顯學，由於生活環境快速變遷，許多人開始去探討生命的意義，以撫慰自己無法安定的心靈，各家的學說還有各式各樣的演講課程也慢慢的在台灣擴散。我是這股身心靈洪流中一位特別的存在，軍職退役的我曾歷經921大地震、大園空難、八八風災、復興空難、八仙塵爆等等震撼台灣的事故，且更參與其中。在歷經多次生命磨難後，藉由自身的經歷帶領著許多人，走向心靈安頓重啓屬於新的人生。

在家暴中成長 被無形鎖鏈綑綁的過往

我出生在一個富裕的家庭，從小就過著衣食無憂的生活。然而，我的父親卻常常情緒失控，對家人言語暴力。兒時日子對我來說是充滿焦慮與恐懼的。父親的情緒失控，常常令家人感到害怕，無法安心生活。

作為一個體弱多病的孩子，我的成長道路並不平坦。經常因為身體上的疾病而出入醫院，令我無法如其他孩子一般自由活動、玩耍。但在這些艱難時刻，我的母親總是無微不至地照顧我，給予我最大的支援和安慰。她耐心地照料我的日常起居，確保我能夠恢復健康。即使我的身體狀況時好時壞，她從未放棄過我，總是用溫暖的目光注視著我，給予我無盡的慈愛。

猶記得小學1、2年級之時，因為身形瘦弱體力不濟，常常都是母親背著自己的書包護送我到學校就讀，而生病時母親一定是徹夜無眠的照顧著我，在母親細心的照料下，讓自己的身體逐步的恢復健康些，但比同齡的小孩來說，真的就是藥罐子。也因如此，父母親皆採用的就是牢籠般的教育方式，或許某方面是為了保護我，但是另一方面也讓我從小至高中階段，都沒有所謂自己的生活與思考方式，全由雙親去安排，然而這樣壓抑的生活，是會讓人崩潰的，也因這樣的管教方式逐步的將我自己逼向死亡的角落，但父母卻不自知。

長期性的壓抑與家庭暴力，讓我整個心性在高中時期有了極大的轉變，學會了抽菸、翹課，對於課業完全不上心，心中所想的都是如何才能逃離這個牢籠似的家，一個人獨處時心中總是充滿著怨恨與不甘，甚至有尋死的念頭。高三那年幾經思考後為了擺脫家的束縛，決定報考軍事院校(國防醫學院)，因為強制住校也圓了我想要離開家的想法，就這樣開始了我近半生的軍旅生涯。

如今回首往事,我明白那些經歷塑造了我的性格和價值觀。我學會了珍惜生命，體恤他人，並以同理心對待他人。儘管小時候的日子並非一帆風順，但正是那些艱難的時刻，讓我更加珍視家人的愛，也讓我成長為一個更加堅強、善良的人。
軍旅生涯不盡人意 人生重大的歷練就此開始

　　進入國防醫學院後，我的新生活也就此展開，雖然可以離家也有了屬於自己可控的時間，但繁重的課業也常常壓著我喘不過氣來，但是既然做了決定勢必就是一定要完成，此時還是學生的我卻面臨到一次對於生命的衝擊感受。

　　1998年2月16日在學的我仍舊跟自己的課業奮戰著，此時校方發出緊急命令，讓學生全員集合赴「大園空難」現場施行救災任務。我跟著校方的排程，沒多久便抵達現場，彷若歷經大爆炸的景象讓我為之一震，無法相信眼前所看見一切是這樣慘烈，分配到的任務就是去四處收集不完整的屍塊，然後協助排放整齊，以便罹難者家屬辨認，走在這樣的區域中我只能無語問蒼天，伴隨著命令去執行自己的任務，看著收集來堆積的屍塊，腦中是一片空白，近似無意識地完成這樣的任務後返回學校，而返校後的我跟許多同學一樣，夜晚無法入睡，總在惡夢中驚醒，每天都在異常恐懼中生活，雖然後續學校也安排許多心靈療癒課程與演講，盡最大的可能去平復我們這些學生的心理，但對於我來說實則埋下了日後精神崩潰的因子；雖然面臨這些極為難受的事件，但我卻從不與人訴說自己內心真實的感受，即便家人的關心與問候，也只是淡然地回答一句:「我都好，沒事」。

　　後續歷經軍校洗禮後也如願的完成學業，正式進入軍中擔任軍醫一職。本以爲這樣的單純的軍旅環境可以讓自己的生活正常些，豈料自己的個性根本不適合從事軍職，但是軍校生畢業後一定要在軍中服役一定的年限，不然將會面臨到鉅額的賠款，我也只能咬著牙開始讓自己習慣這樣的環境。而剛下部隊擔任排長的我，卻遇上台灣史上最大規模的921大地震，而這場慘絕人寰的巨變除了造成許多人家破人亡之外，對於我來說更是在內心烙下無與倫比的傷害。當年身爲軍醫只是20多歲懵懂的新生排長，帶領著許多跟我一樣沒有經驗的弟兄深入災區救助，與其說是救助不如說是去收屍。在斷垣殘壁中隨著一具具冰冷的屍體搬運而出，我當下無法相信自己眼中的世界竟是如此的悲慘，每一具運送出來的遺體伴隨著就是一陣呼天搶地的哀號聲，讓人心痛也讓人心碎。一次天災就引發數以千計的家庭面臨天人永隔的悲痛，只在災難電影螢幕中才能見到的場景，如今卻是眞實的出現在眼前，豈不讓人的心智崩潰且決堤。

　　而在現場救災中的一幕，讓我淚眼婆娑不住落淚。當時救援大隊在一處被土石淹沒的民房中發現二具遺體，一名母親用自己的身軀緊緊的將自己孩子護在懷裡，維持著交相擁抱的姿勢。當遺體要移送救護車時，任憑衆人花費多大的力氣，都無法將這對母子分離，而哪一瞬間我彷若看見她們在世時的最後的模樣，在山崩地裂之際，這名勇敢的母親毫不遲疑地將孩子護入自己的懷中，伴隨著是她心中的執念，或許不知道發生甚麼事，但這位母親就是要好好地保護孩子。

　　而這樣令人鼻酸的場景總是在災區不時的出現，而持續三個月的救災與後續支援任務，讓我極盡精神崩潰，每天就是在殘骸中搜尋遺體，也沒法好好休息，更別提一般的盥洗，只能每周一次回到部隊中好好的盥洗一番，一身軍裝總是佈滿塵土還有令人作嘔的屍臭。而救災完畢後，雖然受到褒獎，但是也因此罹患創傷壓力症候群，因爲精神狀況出現問題，在軍方的安排轉爲幕僚一職。

2015年6月27日，新北市八仙樂園發生了一起令人震驚的粉塵爆炸事故。當天晚上，數千名遊客正在參加「彩色派對」活動，突然一陣強烈的爆炸聲響起，四散的粉塵瞬間吞噬了整個園區。現場瞬間陷入一片混亂，遊客驚恐地四處逃竄，血肉模糊的傷者哀號聲不斷傳開。

　　當時的我爲營區留守主官，接獲上級命令立即支援二輛救護車趕到現場展開搶救。消防員冒著危險衝入濃煙瀰漫的園區，拼命將傷者一個個背出。他們不畏艱險，用盡全力將更多生命從死神手中搶救回來。許多傷者遍體鱗傷，皮肉焦黑，令人心痛不已。我帶領著國軍救護人員也在現場緊急處理，努力爲傷者止血、包紮。

　　目睹現場慘狀的人無不嗚咽痛哭。親友奔波在醫院病房，焦急地守候著親人的生死。這場意外造成近500人受傷，多人陷入生命危險。

　　八仙樂園塵暴意外無疑是一宗令人心碎的慘劇。然而，在這黑暗的時刻，無數勇敢的救援人員及國軍弟兄挺身而出，用自己的行動詮釋了何謂「愛與勇氣」。在救援過程中，我們承受著沉重的精神壓力。我們不斷地努力搶救生命，卻無法避免更多的傷亡。目睹如此悲慘的場景，許多人陷入創傷壓力症候群的困擾，難以擺脫惡夢與焦慮。每回想起那一夜的慘痛情景，我們的心靈又深受創傷。

心智崩潰罹患憂鬱症 自己也變成自己最討厭的人

在軍中服役的同時，我也步入了婚姻，擁有妻子與孩子，本以為生活應該就是會如此平淡的度過，但是之前自己原生家庭以及後續經歷許多救災工作引發的連鎖效益在此時爆發，隨著自己並不喜歡軍中的環境屢屢遭到自己的主管刁難，而妻子也無法體諒自己的心境，當無法控制自己的情緒時，我家暴自己的妻子與孩子，更因此罹患憂鬱症，需要靠藥物才能讓自己好好的過正常生活，但隨著與自己妻子孩子衝突越演越烈，終究走上離異一途。回歸到一個人生活時，我的心智行為才慢慢地發生一些些的轉變。我開始省思自己的行為，也後悔自己怎會成為跟父親一樣的家暴者，甚至幾度想要輕生遠離塵世，但心中也常會升起一股不甘的念頭，難道放棄生命一切都能一了百了嗎?我想起疼愛自己的母親，想起母親對我的好，以及小時候對我無微不至的照顧，就這樣憑著最後一絲的理智，讓自己沒有走上絕路。隨著時間的流轉，平安的退去軍裝成為一個平常人。

退伍後，對於自己的未來是一片茫然，20多年的軍旅生涯讓我一時不知該何去何從，後來遇見了一位精通命理的李靜唯老師給予了我人生三個方向(一是房地產、二是餐飲業、三則是身心靈方面的工作)，更因為遇上了老師讓我日後的人生留下伏筆，為我的未來繪上多姿多彩。在聽從老師建議下也恰巧有朋友從事法拍屋的工作，就在自己的朋友協助下開始進入法拍屋的市場，讓我的生活有所不同，心思較為細膩的我也在這樣的職場重新找回自己某些遺落的部分，我所做的法拍屋跟一般認知的有些許的不同，除了應用技術標得房產外，我們會先做內部的裝修與裝潢，讓每一間房屋煥然一新，讓有意願購買者幾乎可以提著一只旅行箱便可以輕鬆的入住，也因為服務做得非常的好，沒多久就在業界闖出名號，在這樣的經營下也讓自己的事業有著不錯的營利，當然賺到錢後自然而然就想要投資別的產業，於是在整體評估下投資一間港式海鮮餐廳，此時的我應該是人生最風光的時刻。

　　由於餐廳走的是中高檔路線，菜色及服務品質都是上上之選，也成為台北政商名流的交際處所，連前柯市長團隊都蒞臨舉辦慶功宴。每天來到店內用餐的權貴不勝枚舉，後因法拍屋市場逐漸萎縮，所以順勢將法拍屋公司收掉，專心地當起餐廳老闆，本以為應該一帆風順，但是因國家政策-暫停陸客來台，也因此讓整個餐飲業蒙受重大衝擊；加上疫情初起，幾經思考後決定停損為先，毅然而然地將好不容易經營有相當名氣的餐廳收掉。更讓我陷入前所未有的低潮。

　　經營餐廳期間不幸又遇上二起詐騙案件，損失近千萬；過程中因將家族房產讓與銀行增貸，親生胞弟竟與我對簿公堂，與父母的關係也就此徹底決裂。當時的我身無分文四處借錢，親朋好友當我是牛馬蛇神避之不及，寄住友人家長達半年之久。上帝關上了一扇門後，也一併關上了一扇窗，憂鬱及躁鬱症在這時一起找上了我。

　　原生家庭的心理創傷、服役期間的創傷後壓力症候群、遺失的愛情、反目的親情，屋漏偏逢連夜雨，讓我的病情急轉直下。
　　這一次不同於以往，輕生這件事差一點就成為事實。幸運的是，上帝讓其實一直都眷顧著我，指引了我人生的第三條路。

當不放棄時宇宙必定會開一扇門 人生的第三條路正式開啟

　　幾年的商場征戰中，我也不曾忘記要自我進步，期許自己成為能幫助別人的一個人。我利用工作閒暇之餘，參加了不少宗教團體（基督教召會與紫衣佛教），也學習過許多身心靈及正能量課程(林偉賢Money&You 與創富教育-杜云安-絕對執行力等)。

　　在2018年參加了「情緒密碼」的課程（創辦人:布萊利.尼爾森醫師），課程中講述受困情緒的療法，這讓我頓時覺得困惑已久的謎團，終於被解開了。2019年參加金字塔揚升學院的天啓課程，也因此而開啓了靈魂天賦-情緒療癒的能力，天啓為我打通了任督二脈、釋放坤達里尼（拙火）、解開脈輪封印、淨化植入物芯片、頂輪開悟蓮花綻開，我的感知能力獲得飛躍性的大幅提升。

　　後來與靜唯老師會面後便將自己的一些見解與老師溝通，一致同意身心靈療癒是一套值得推廣的學問，於是2019年與靜唯老師、Jason Wu老師在中國廣州成立企業諮詢公司，開啓了我的心靈療癒之路。

　　在當時中國很多人飽受情緒壓力所苦，所以很多人其實過得並不健康與開心，我們則是使用專業所學，替許多需要的人找尋到眞實的自我，然後藉由情緒釋放，讓許多人獲得調整；每天前來諮詢甚至尋求協助的人絡繹不絕，而我們也非常開心的為當地人服務，不斷的將別人負面的能量與情緒釋放出來，就這樣每天忙碌著，更成為廣州有名氣的一位心靈療癒師。

從煙癮到自由 –

心理醫院院長慕董的戒菸之路

———————

　　慕董是一位成功的企業家，在自家心理醫院擔任院長的他，每天面臨高度的壓力和工作負荷。為了應付壓力，他養成了吸菸的習慣。多年下來，這個惡習已深深根植，讓他難以自拔。

　　直到有一天，醫生告知他吸菸已嚴重危及健康，必須盡快戒除。慕董意識到必須採取行動，但多次嘗試都失敗而回。直到他遇到了我們，我們建議慕董嘗試透過情緒釋放的方式來協助戒菸。

　　在我們專業引導下，找到了慕董許多自己本身以及夫人共振而來的心靈創傷，以及內心深處不為人知的心牆。原來壓力和焦慮才是驅使他吸菸的根源。這些都會深藏在我們的潛意識裡，透過深層情緒釋放3次，慕董漸漸釋放了積壓許久的情緒。他開始能夠正視內心的恐懼和焦慮，不再需要依賴菸癮來逃避。

　　這段經歷不僅讓慕董成功戒除了吸菸，也幫助他更好地管理自己的情緒，在事業和生活上都有所突破。目前慕董成為我們情緒療癒的代言人之一。

從手機控制到重拾自由 – 高中生阿明的情緒釋放之路

　　阿明是一位高三生，課業繁重的他，卻陷入了手機成癮的困境之中。每天他都會花大量時間在手機上，檢視社交軟體、回應自媒體留言，以至於學業和生活都受到嚴重影響。

　　起初，阿明並沒有意識到自己已成為手機的奴隸。他總是告訴自己，手機是生活必需品，必須時刻關注。但隨著時間的推移，他發現自己越來越難以專注於眼前的事情，甚至會在和同學及父母聊天時下意識拿起手機。

　　這種行為模式令阿明感到非常沮喪和焦慮。他意識到自己必須改變，但卻不知道如何下手。直到一天，他來到我情緒釋放的工作坊，才找到了突破口。

　　在工作坊中，我們找到阿明潛意識裡對手機依賴的情感根源。手機成癮背後其實是一種逃避現實、掩蓋內心孤獨的行為。透過情緒療癒，阿明得以釋放積壓已久的壓力和焦慮，重拾了對生活的掌控感。

　　從此之後，阿明開始採取一些行之有效的方法，如設定手機使用時間、培養其他興趣愛好等，逐步擺脫手機成癮的困擾。他發現，透過情緒釋放，自己不僅重新掌握了生活的主動權，也重拾了對學業的信心和熱情。

重拾生命的光彩 - 小華從創傷中走出來

　　小華是一名30歲的女性，曾經歷過一段痛苦的感情破裂。這段經歷讓她陷入了長期的重度抑鬱。她感到人生毫無意義，每天都活在黑暗的陰霾之中，完全失去了生活的動力。

　　直到她遇見了我們，一切將變得不一樣。我們不需聆聽她的故事，也無需引導她去探索內心深處的情感和受傷處。我們只透過情緒釋放，小華學會了勇敢面對過去的創傷、釋放內心的悲傷與憤怒，並逐漸接受自己所經歷的一切。

　　隨著療癒的進展，小華重新找回了生活的動力和意義。她開始重拾興趣，重新建立人際關係，並積極參與社群活動。這一切讓她深刻意識到，她擁有自我改變和重新建立幸福的能力。

　　最終，小華不再被抑鬱所困擾，而是積極投入自己的工作和生活。她成爲一個爲自己感到驕傲的女性，並對自己的復原之路感到無比自豪。她的故事成爲了鼓舞他人的力量，爲那些正在經歷情感創傷和抑鬱的人提供了希望和勇氣。

重拾生命活力,從養生開始

　　無奈天有不測風雲，2019年底全球新冠疫情大流行，因應疫情我們於2020年選擇回到台灣，觀察疫情狀況再做計畫。回台後我應「金字塔揚升學院」之聘，擔任情緒釋放的心靈療癒導師。我曾說：靈魂選擇在光子帶的關鍵時刻生處地球並不是巧合，「靈性覺醒」及「揚升」是每一個靈魂最渴望的事。

　　因爲我本身就是情緒療癒法的受益者，擺脫了原生家庭帶來的心靈創傷、釋放了受困情緒、治癒了憂鬱/躁鬱症，因情緒引起的過敏性鼻炎也不藥而癒。生病及不適是身體發出求救信號，人們常忽視這些隱藏在情緒底層的巨大瘡口。人的情緒會隨著時間平復，但因情緒受的傷害會如實完整地被記錄在潛意識裡，騙不了人。不同的受困情緒會破壞不同的器官，中醫的傷寒論就記載-心主淒涼、肝儲憤怒、脾收擔憂、肺藏哀傷、腎主恐懼。

我的情緒釋放課程能協助當事者擺脫負面情緒的干擾，進而利用宇宙能量擴展意識智慧、強化內在力量，顯化豐盛圓滿的實相。學員在上過療癒課程之後，無不嘖嘖稱奇，直呼太不可思議。

我的背景為西醫藥學，在新冠疫情期間有緣聽聞「黃帝內經養生之法」，隨著我深入探究中國老祖宗的智慧療法，開始慎重思考西醫醫學理論的真實性。養生不治病，但目前已有八千多名養生學員改善了健康狀態；這套養生法不需節食、不吃代餐、不是減肥，餐餐吃好、睡飽，養生學員無一不自然回歸成自己最美好的狀態，這就是黃帝內經的奧秘所在。

我立志終身推廣祖傳的養生之道，黃帝內經祖法有云：持者恆之，習經養法，面容意改，五藏歸位，脫胎換骨，七星換斗，量無弗界。期望用正向的影響力，讓更多有緣人脫離疾病痛苦，身心靈同步提升。

人生的課題無外乎是：健康、家庭、金錢、事業、關係（親情/友情/愛情）。親友愛人的背叛、生離死別、事業失敗、病痛纏身、負債破產，有時候人生不是一分耕耘就有一分收穫，選擇比努力更重要。

我的養生之道及療癒專業讓人躍躍欲試。人生沒有白走的路，在我身上看見的博學與智慧，都是磨難中淬煉而成的精華，使人受益良多。養生不只能幫助我們照顧好身體，更能滋養我們的心靈。在這裡，我們可以學習各種養生的技巧，如飲食、喝水、睡覺等，讓身心達到最佳狀態。

許多人參加養生班後，都表示身心狀況有了明顯的改善。他們不再感到疲憊乏力，反而充滿活力與熱情。有些人甚至克服了長期的慢性病困擾，重拾健康的生活。

所以，如果你也渴望重拾生命的活力，不妨立即行動，參加養生吧!讓我們一起，在這裡尋找生命的新意義。

陳秀蓉
MCT-NLP能量教練

陶陶然 心靈藝術.潛意識溝通

在宇宙的愛裡
成長與鍛鍊

文/ 陳秀蓉

【如果黑夜中的含羞草無法獨自打開葉片，我願像光一樣地給它溫暖與勇氣。】一句來自公視【含羞草】一劇的對白，爲秀蓉在此打開我生命故事的其中一頁。這部戲充滿著力量、勇氣和堅強的信念，是我很喜歡的戲，『如果黑夜中的含羞草無法獨自打開葉片，我願像光一樣地給它溫暖與勇氣。』這句對白更是我耳熟能詳的一句話。來自原生家庭的創傷，不自覺地綑綁著我的一生，甚至我的下一代！

　　秀蓉出生於1968的台北，父親是一名公務員，母親則是尋常的家庭主婦，在那個年代公務員的收入還算不錯，所以整個家庭經濟狀況比一般尋常的家庭更優渥安定些。在我尚未出生前，父母親求子心切，在老一輩的建議下領養了舅舅的一個孩子，希望藉由領養的方式而為我們的家帶來更多的子嗣。

　　說來也巧，認養表姐沒多久真的就讓母親順利的懷上了我，後來也陸續為這個家帶來了妹妹和弟弟，所以在雙親的心中對於養姐格外的疼惜，也因此秀蓉一出生就有一名遠親的姊姊，而大姐也對我們這些弟弟妹妹照顧得無微不至。

　　由於得子不易，母親對於孩子自然是格外的溺愛，但受到傳統重男輕女的觀念，女孩子被放養，得到的結果是女生比男生成熟，除了養姐之外，身為家中長女的我更加的早熟。

　　在秀蓉國一時，一個母子關係斷裂的議題造成了一場家庭革命，對子女溺愛過度的母親在這場家庭革命中因家中孩子的離家而傷心過度，情緒崩潰到險些失去性命。1974那年，正是我小學畢業剛進入國一的學習階段。那時外面正打雷下著雨，屋裡的母親嚎啕大哭抽蓄中，弱小的我當下不知如何是好，只能緊緊地握著母親的手，安慰著幾近崩潰的母親。

　　心中也暗自告訴自己：「以後不管發生任何事情，第一優先考慮就是不讓母親傷心！」。但也因為這樣的信念，竟為自己的心靈疊加了來自原生家庭所帶來的創傷。

1998我的小家和爸媽於陽明山

不爭不搶 將自己所有的心思隱藏 只為了取得他人的歡心

當年養姊離去時母親崩潰的模樣，一直深深烙印在我的內心深處，因此在成長的過程中，秀蓉對於母親一直都是唯唯諾諾，深怕自己一個不留神就引發母親的情緒不佳，『一個自以為順應父母的心意就是孝順』的錯誤認知就此展開。

平日生活中的我十分沉默寡言，除此之外，父親某些行為，更讓秀蓉內心的恐懼一直伴隨我的成長而無法消除。

父母一言不合，爸翻了一桌的飯菜，甚至拿椅子要砸向媽媽時，椅子腳砸破了燈管，那一瞬間我只能閉嘴躲得遠遠的，在憤怒情緒底下的我除了要克制自己恐懼的心情之外，還要安撫年幼的弟妹，讓原本就受傷的心靈創傷更加劇烈。

環境讓一個孩子提早成熟被迫長大
到底是好事還是壞事呢

在雙親與親戚朋友眼中，我從小就是個乖巧少言的小孩，但是他們並不知這背後隱藏著許多的恐懼，在高強度負面情緒下，讓秀蓉越來越沒有自信，但我總覺得只要父母親覺得開心就可以了。

哪怕是誤解父母的意思而放棄了自己期待已久的畢旅。小小的小女孩又輕聲地說：「媽，沒關係其實我自己也沒有那麼想參加...」，然後一個人失落的回到房間裡，默默地啜泣著，其實我多麼希望能夠去參加這些活動，但深怕母親會因為要多花錢不開心而作罷。

就這樣帶著沮喪的心情度過了求學階段，直到高中半工半讀出了社會之後，對於母親的態度還是不曾改變，任何自己想要的事情只要母親有一點點的意見，我就會放棄自己的想法，凡事以母親的意見為意見。所以在雙親面前我從來沒有所謂的情緒，有的只是一顆隱藏在內心底真實想法和委屈。

18歲的我攝於陽明山

長久的缺愛與壓抑造就自己不完整的人格 猛然的因緣走向心靈覺醒的道路

就這樣，「不配得」的能量狀態一直陪伴著我，渡過了半工半讀的求學時期、哪怕已進入職場，甚或是步入婚姻，這樣的不配得一直困擾著我。

記得有好幾次，每當我想換工作時，母親只要一句「啊！那就沒有收入了..」。聽見了媽媽的這句話，想換工作的心又打消了念頭，依舊做著不是很滿意的工作。1991年步入婚姻，先生是高工老師，所以我們的生活也算是小康，足以支撐3個小寶寶陸續的誕生，為了更好的照顧家庭，我過了專職家庭主婦的生活長達8年。

雖然在家照顧孩子，但秀蓉依然也沒放棄自己的興趣，如：插花、陶藝、畫畫等等，甚至還在家中自己開班授課教兒童紙粘土，日子過的充實且忙碌，就這樣，我在自己的認知中，覺得這樣的生活或許就是幸福。

在陪伴孩子成長的過程中，秀蓉在2000年左右加入了學校的志工隊和家長會，開始參加了許多心理輔導人員的培訓課程，期間還擔任過志工隊長和家長會副會長，也開始透過不同的人事物操練著自己。

2001年，好勝心使然，在考取美容乙級時因壓力不堪負荷而得了躁症。
2011年，美容職業轉型失利，3個月左右賠掉了100萬元而得了鬱症。
2022年，挑戰地方基層里長競選，因決策導致敗選自責而出現躁鬱症。
每隔10年出現在生命中的大事讓我飽受情緒的煎熬而生病，這也反應了一件事，那就是我其實是一個自我要求很高的人，也追求完美的人。

但每當和幼時相同情境的人事物出現在我生命中時，看似自信的我卻在瞬間掉入了潛意識的黑盒子裡而縮回小時候的狀態。

約莫2006年，秀蓉突然感覺到莫名的悲傷與孤獨，我在心中問「為什麼我不快樂，真正的我在哪裡？」於是，在因緣際會下，竟在志工隊一個自我探索的課程中，第一次和內在的自己相遇，從此也開始學習做真正的自己。

隨著一次次的小冒險，秀蓉跟著內在的指引，一步步地向內遇見更多面向的自己，也在每一次的操練中更加地肯定自己，漸漸得愛上了直覺式的生活，讓我眞正的解放原本的自我，眞切的感受到宇宙間一股無私的愛在我的生命中流淌，更在之後的生活中給足了秀蓉力量，支持著我勇敢突破自己。

　　經常，我可以察覺到這一股看不見的力量，祂用各種方式給予我相對正確的答案。可能是與個案互動的一句話，或是書上的一小段文字，更甚或是電視中的台詞對白，經過自己反覆的驗證下，更堅定自己所經歷的事情是與內在指引相關聯。還記得1995年，我和先生重新回到一貫道的佛堂，點傳師帶著我們靜心，他說這是【眞人靜坐】，當時在一貫道的道場中，顯少聽到有道親靜坐的練習，但當天的經驗讓我在自己的生命裡看見了生平以來第一次見到的光。

　　一個像綠豆般大小的光在第三隻眼的地方，祂金光閃閃地駐留在我的兩眉間，還有一整片紫色、白色、金黃色的光出現在我的眼前，甚至紫色的光會像隧道一樣的有種穿越感，而且我用意念可以讓祂動也可以讓祂靜止，這眞是太有趣了。但在當時，點傳師說不可說，所以至今我也未曾向人求證自己在佛堂前的奇異現象。尤其是在第三隻眼的那個綠豆般大小的光，祂金光閃閃地駐留在我的兩眉間，至今29年了，不曾消失過。

　　那個光就像我的燈塔，當我很積極陽光時，那個光就萬丈光芒，而當我消極懶散時，那個光就像被薄紗覆蓋般地暗淡無光。我不知道這是怎麼回事，但感覺很舒服很溫暖，感覺縱使上刀山下火海都有一個力量陪伴著我，讓我很有力量。就這樣漸漸地開啓了原本就存在於內心深處的天線，去接收這些宇宙給予我的信號，慢慢覺察自己被這份愛包裹的感覺，也給了我滿滿的安全感，更帶領著我走出被憂鬱症控制的心靈而恢復自信又多采多姿的生活。

多年來的操練 只為得到一把真正能夠治癒人心的工具而得渡

原生家庭對我造成的傷害，重覆地發生在我的大女兒身上，為了支持自己也支持女兒走出原生家庭的創傷，開始認真的想去了解生命中的情緒是怎麼回事，我一路尋找著答案，順藤摸瓜地找到一些蛛絲馬跡…

在參與和研習各類有關意識與潛意識的課程中，藉著這些學科與生活上的交錯印證，找到我生命中那些困頓和不快樂的原因，幼年來自原生家庭帶來的心靈創傷對於一個人甚至是一個家庭而言，就是一場非常嚴重的浩劫。

是的，我的大女兒也得了憂鬱症，她從小就非常優秀，班長當到不想當，還在國中當了管樂團的社長，24歲年紀輕輕就在短時間裡當上了麥當勞的襄理，威風的很。但是，好還想更好，她像我一樣地自我要求很高，她也以為只要她表現得很好就可以得到爸爸媽媽的肯定，身心終於承受不了高壓而得了很嚴重的憂鬱症。

在她身上，我看見了自己的影子，我清楚地明白女兒心裡創傷來自於原生家庭(也就是我)，可是當時的我是一個靈魂尚未覺醒的我，我自己都弄不明白是怎麼回事了，又如何能給女兒一個好的狀態呢?

汐止北峰國小家長會　心靈手作教學

我告訴自己「陳秀蓉，妳要堅強一點，妳比女兒幸運有神的陪伴，而今妳要成為女兒的燈塔，陪伴女兒的同時也給自己力量。」就這樣，我告訴女兒「不管如何，請勇敢的做自己，媽媽會陪在妳身邊。」

於是秀蓉開始涉入身心靈的療癒，藉由各種工具帶人們向內心去經驗自己，不管是在保健的療癒中，還是透過潛意識牌卡去覺察自己，又或者是運用陶藝或羊毛氈等的藝術課程中帶入相關的心靈認知與學習，讓許多人在秀蓉的陪伴與帶領下，拿回自己的力量走出屬於自己完美自信的人生。

雖然秀蓉是一貫道道親，但我對於心靈療癒認知與能力卻和自己的宗教信仰無關，自從我在潛意識中遇見自己開始，便逐步重新認識這個有點陌生的自己，也開始學習做真正的自己。

　　從一開始的唯唯諾諾，到如今能夠自在地分享自己的所見所聞，整個人也開始變得活潑開朗充滿自信和力量，這期間的轉變只有自己親身經歷了才能體會箇中滋味，真是太美妙了。

　　當然，學習的腳步是沒有停歇的，秀蓉除了考取專業的美容乙級證照外，也如願以償的利用在職專班取得大學的學位，得以在小學裡透過代課的過程中，教育學童認知自己就是自己的主人，因為我們有選擇權，所以我們願意為自己負責。

　　為了自我探索，從2008年開始陸續研習了【芳香療癒、筋膜放鬆術、亞特蘭堤斯靈氣、觀音靈氣、古印度靈擺、薩滿療癒、頌缽療癒、水晶脈輪療癒、希塔療癒、星座學、人類圖、瑪雅曆、NLP能量教練、OM績效教練】；也參加了許多牌卡的研習與教練資格，有【精油牌卡、芳香療法洞悉卡、大天使神喻卡、奧修禪卡、創造金錢卡、圓夢領航、易經啟示卡、ICU潛意識牌卡、SAC潛意識、SAC動物力量卡、OM萬謬牌卡】。秀蓉希望藉由更多元的方式，加上自己近30年來的實際操練經驗，帶給人們去經驗自己的生命，從而更認識自己，拿回自己的力量，成就想成為的自己。

2020觀音靈氣研習

談起我自己想要的【身心靈全方位合一的大健康產業】，這還是我2001剛考取美容乙級證照時在心中的想法，結果內在神性不斷地推著我向前，祂帶領著我去經驗我的生命，透過每一次的經驗去深挖秀蓉生命裡的創傷，甚至是穿越它。

有許多次都令我痛苦難耐而患上精神疾病，但祂似乎也是透過得病在教會我多事，在挫折痛苦中，隨之而來的就是豐盛的禮物和甜美的果實。

我們總習慣地說『這是我的生命功課』，但一位朋友回應我「神不會故意為難妳，但祂會透過人事物來鍛練妳，當妳的力量足夠承受這份禮物時，那個禮物就會來到妳的生命中，給妳力量與好消息。」還記得當時的我苦笑得說道：「哈哈!我的禮物好大呀。」

近幾年靈性的生命一直都是許多人談論的話題，在生活極其忙碌以及壓力遽增的時代，心靈生病的人與日俱增，為消除病因，許多人開始向內探尋真正的自我和需求。身心靈的相關議題也成為一門顯學。

身心靈雖然是近年來盛行的顯學，但對秀蓉來說卻是宇宙給予我的愛以及一份責任，由於沒有既定的框架與論述，所以秀蓉對於許多有緣的個案，能夠透過適合的工具快速地協助個案找到造成心靈卡鈍的起源，再根據這樣的源頭給予對方相應的解決之道，也因此秀蓉的療癒方式漸漸地獲得許多人的肯定與認同，更棒的是這也支持到我自己和療癒了我自己。

【自渡而後渡人】，為了更好的協助自己與他人身心安頓，我反而從中收獲了更多，更在今年2024年完成了NLP能量教練的資格，也肯定能順利完成績效教練的認證，真正完整的獲得生命中的最後一把刷子，而這把【心靈】的刷子，讓我正式在2024年走上身心靈產業。

NLP能量教練證書

在藝術和寫作中與內在的自己對話

自小就對藝術充滿熱情，從小到大玩過的藝術領域也多到不勝枚舉。記得2017年，在台北尋找不到合心意的芳香飾品零件，我發問【有什麼東西可以既漂亮又可以達到功能呢?】當下隨即而來的靈感【軟陶+軟木塞】，這真是太棒的點子了，因此我申請了新型專利【軟陶短效型精油擴香器】，也成立了【陶陶。然】心靈手作工作坊。也曾在軟陶藝術課程中帶入了靜心的指引，讓學員在靜心的過程中得到身心安頓並與內在力量合作，共同完成了令人驚訝且獨特的心靈藝術作品，甚至能在作品中得到了來自靈性的暗示而得到了解惑以及療癒。

像這種靈光乍現的事，在秀蓉近30年的歲月中，多到數不清，有趣極了。而靈光乍現的答案也總是跟隨在我的發問之後，讓我嘖嘖稱奇。

每個人來到這世間總有著不同的使命要執行，也有不同或有共同的課題要一起操練和穿越，這也是許多宗教所談論到的修行，但是在秀蓉眼中的世界，修行是在生活中實際的落實和創造無限的可能。這其中最為重要的，就是『心』。而我總是在向內覺察著，透過起心動念去找尋內意識裡田裡的業力種子。

　　人生不如意總有十之八九，起落之間，有些人可能一輩子就已經走入尾聲。許多人常會感嘆命運無常，當陷入人生的低谷時更是如此，甚至會對自我的價值產生懷疑與錯亂。秀蓉實際操練了近30年的體悟是，當我們有這些起心動念時，一定要直接面對它，並問自己是什麼因素造成的，到底這些起心動念要教會我們什麼事呢？這樣我們就能穿越它，徹底擺脫業力種子對我們造成的影響，才能真正解除我們心靈上的鎖鏈，在內在神性的帶領下邁向本屬於自己美好的明天。千萬別浪費宇宙為我們創造了向內找答案的機會，因為當我們藉此找到原因，我們就離幸福的彼岸更靠近了。

　　因此，身心合一、身心安頓是秀蓉一直在推動的事，更以自身為借鏡，讓其他人能夠盡速的掙脫原本加諸在身上無形的枷鎖，找回自己的力量，發揮潛能，創造無限的可能。

　　從操練到覺醒，是一條漫長的過程，但覺醒並不代表已經到達幸福的彼岸了。覺醒只是醒了，但若不穿越我們的痛苦，不斷地超越自己，終究還是會在業力種子的導引中再度掉入了慣性的迴圈而在醒著時依然做著夢。

　　我喜歡自我超越的感覺，也很開心能為神所用，祂不斷地透過人事物操練著我，讓我從一個唯唯諾諾的人轉變成現在自信的樣子。曾經受過的苦難就像是蝴蝶要破繭而出時，總是要先醞釀足夠的能量，才能順利蛻變成為一隻美麗的蝴蝶。

　　親愛的朋友，如果您有機會看見秀蓉的生命故事，雖然這6000字只是十分之一而已，都希望從我的一些小故事中點燃了你，讓您明白我們的愛和神的愛一樣的聖潔，我們的力量和太陽一樣的火熱，我們同在一個宇宙中呼吸著同一口空氣，喝到同一口水，被同一個太陽照耀著一樣的光。

　　我們是彼此的鏡子，我們是兄弟姐妹，我們也是彼此的老師，我們更是彼此的力量。

　　我愛你們！
　　願我們都成為我們想成為的自己！

我的自學經驗

文/ 張佳蓁

　　我是一名自學生(實驗教育)，出生在很平凡的家庭中，爲什麼會自學呢？一剛開始是媽媽做的決定，但爸爸是反對的，其實一剛開始我也是不明不白地走上自學這一條路，剛開始自學時很開心，沒有學校的課業壓力、不用考試、可以選課回學校上，但每次回學校上課就會有很多人覺得我很輕鬆，幾乎每次回去被問到的問題就是：你是不是整天都在打電動？睡到自然醒？我沒有正面回答他們的問題，就覺得畢竟學習的環境不一樣，初期自學時都把重心放在自我探索上，去看了很多展覽、參加行動走讀（混齡）、理財課程，理財課程是因爲媽媽記得我在小六時，有自己去看了一個建水管的工人和一個挑水的工人的影片，我當時說我以後長大想當那個建水管的人，所以媽媽就從『我11歲就很有錢』這本書開始教我理財的觀念、帶我去參加現金流的遊戲、去上理財的課程，在這過程中當然也沒有那麼順利，一剛開始我眞的是睡到自然醒，媽媽就每天都會說你再這麼懶散就給我回學校，但我跟媽媽說我以前在學校沒有一天是睡飽的，媽媽才慢慢能接受。

　　當時對我來說可能就是要和媽媽溝通是最困難的，我以前很內向不愛表達自己的想法，但自學就必須和媽媽說出自己的想法和你想做的事情，因為在這過程中媽媽同時也是你的導師，媽媽也在這過成中一直在打破她以前學習的框架，一直在學習、找資源、找人脈、找課程、找方法、帶我去看很多的展覽，放下他想做的事情陪著我，就這樣持續了兩年，之後弟弟在國一時申請了自學，剛好在我自學期間我們是在教會遇見這個老師，老師本身是室內設計與廣告設計，老師之前也有接過澳門大學的雷射切割案子，所以老師家裡面有一台雷射切割的機器，當時老師了解弟弟喜歡手作，我喜歡創業，所以老師就想說也許可以為我們開一堂自學的課程，於是就有了我們的雷射切割課。

● 雷射切割課程 ●

　　我們的第一堂課在討論雷射切割機器可以做出什麼樣的作品？然後可以出去販賣。
我們有想過可以用雷射切割的機器做馬克杯、筆記本跟資料夾，但我覺得這些東西在市面上太常見，所以我就想到也許可以用雷射切割機做建築模型，為什麼我們會選擇頭城鎮史館呢？是因為它據有日治時期的日本特色，同時它也是以前頭城國小校長的宿舍。

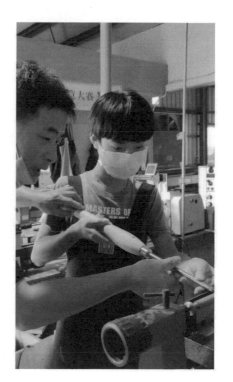

　　我們一剛開始量這一個建築的時候，遇到比較困難的部分就是量它的屋頂，我們量不到就只能以大概的方式去量它，量完了之後我們就會用電腦的繪圖軟體去繪圖，繪圖好了之後才丟雷射切割機去把它雷射切割出來，我們第一次試切出來的時候發現尺寸不對，於是我們要在回原來的頭城鎮史館的場地再去重新測量，再重新繪圖與重新丟雷射切割機切出，這段反反覆覆的過程我們大約花了一年半的時間才完成了頭城鎮使館的紙模型的建築。

那時候我們完成了紙模型的建築之後我們要把它轉換成手拼包，所以，要把紙的材料轉成木頭的材料，老師說手拼包是要做卡榫，卡榫是會比整棟的建築還要難做，所以當時我們在製作卡榫的時候也花了一段的時間。

當我們做完紙模的時候，有一天我們教會的牧者來到我們家裡，看到我們做的頭城鎮史館紙模的建築，做得很像外面的建築模型，所以牧師剛想到教會剛好要135週年，也許可以邀請我們來做教會的建築模型，我們也是在頭城長老教會從小在這間教會長大的，做這教會對我們來說是蠻有意義的一件事情，然後可以把這一個頭城長老教會的建築獻給神。

有一天行動走讀的老師看到我們用雷射切割做建築模型，他覺得很特別，當時這位老師有要辦一個夏令營，老師就想要邀請我們可以當他一堂課的小老師來教這些青少年做建築模型，當時我們在教這些青少年的學生的時候也是順便測試，我們的產品有沒有需要做修正。

在夏令營之前媽媽看到有一個政府的計劃案，戀戀山海的計劃案是新竹美學館辦的。當時媽媽為什麼會想要申請呢？其實因為這一個計劃案在講地方創生，她覺得我們在做的事情就有一點像在地方創生，所以後來就請雷射切割的老師幫忙寫這一個計劃案的企劃書，當時因為雷射切割的老師幫我們寫整個計劃案通過了之後呢我們就可以設計這一個計劃案的整個流程，當時我們的計劃案就是用以頭城老街的建築物為主，然後介紹這一些老式的建築，所以需要請到資深的導覽人員來教我們怎麼樣導覽整個頭城老街，最後導覽的建築物就是去頭城鎮史館，然後我們再去一個社區的里民活動中心，成為我們可以做我們頭城鎮使館建築的手拼模型。

因為當時參與的人數不夠所以是需要每個人都要熟練老街上的每一個建築物，當誰臨時不能來的時候其他人就可以去遞補說要介紹的這一個老街的歷史故事，當時我們在申請這個計劃案的時候我們手拼包的卡榫的部分還沒有完成，所以這個計劃案邊在進行中，我們也增加我們的雷射切割的課程，如原本一週只有一堂的雷射切割課就會增加為一週有兩堂的雷射切割的課程。

　　計劃案整個過程結束之後，主辦方就辦一個成果發表會，邀請所有參加計劃案的單位，來發表他們爲什麼要申請這個計劃案，很多都是比較資深的一些長輩們，讓觀光客到他們那邊的景點，不只是玩那邊的景點，而是可以更了解當地的文化背景跟歷史，我們就跟參與的單位的長輩們有一些交流。

● 理財課程 ●

　　有一次媽媽帶我去玩一個現金流桌遊的遊戲，所以我就第一次玩現金流的桌遊，媽媽後來就去跟朋友借了一套現金流的遊戲給我們玩，我們開始跟朋友們一起玩，這個遊戲一般要玩三個小時以上，那要怎麼樣贏得這個遊戲呢？

　　我們一般玩這個遊戲的時候都先在老鼠籠（慢車道）裡面，老鼠籠（慢車道）裡面就是我們一般的上班族，正常的開銷啊！支出啊！都會在這裡要怎麼樣脫離老鼠籠（慢車道）進入到（快車道）裡面呢？就是你的被動收入要大於總支出，因爲被動收入要大於總支出其實蠻困難的，所以玩這個遊戲需要蠻長的時間，這個遊戲可以學習到怎麼寫資產負債表、收入支出表，這個遊戲因爲我跟弟弟已經玩了很多次，所以對這個遊戲很熟悉，後來教會的活動如果要帶這個遊戲我跟弟弟就成爲小老師。

　　我的理財課有的是線上的，有的是線下的，線上的理財課有一堂是立天叔叔教我理財，立天叔叔會教一些理財的觀念，但是會結合現在的時事的經濟的脈動的趨勢，立天叔叔是幫羅伯特.清期琦（富爸爸窮爸爸的作者）的翻譯，他也與羅伯特.清琦很熟。

　　線下的課程我有去參加三星國中校長開的創業的課程，也是因爲去參加這個創業課才認識了林作賢老師，三星國中校長開的創業課有許多實作的活動是在綠色博覽會裡面，當時校長要請我們去當小老師，但是後來我們也有體驗這一些活動。

我跟弟弟的第一次創業是三星國中校長在宜蘭有一個車站前面找了一個可以擺攤的機會，想讓我們創業可以來想想看可以做什麼樣的作品去試賣看看，加上也可以順便學習跟人群之間的交流；我們當時會想要賣小黃瓜是因為有一位老師很早就想說如果把小黃瓜裡面掏空，再填一些好吃的內餡，讓小黃瓜味道吃起來不要有那麼重的小黃瓜味道，可以鹹鹹甜甜的，應該滿特別的。

因為老師的建議我們就開始動手嘗試，因為隔天就要擺攤開賣，當天試做到凌晨兩點，我們就趕緊把小黃瓜用一用放在一個大的保冰桶裡面，保冰桶需要整個搬去宜蘭。

● 上電視台被採訪 ●

有一次三星國中的張輝志校長當時邀請我們去拍安麗的計劃案，若申請到著安麗的計劃案是可以拿到一些經費，校長是想要幫助宜蘭地區弱勢的家庭或是中輟生給他們一些學習的環境與機會，當時輝志校長邀請我們的時候，我們是立馬就答應第二天就前往三星地區去幫忙拍攝影片，後來這個影片也順利地拿到了安麗計畫案的第二名也獲得了一筆125萬的資金，順利幫助宜蘭地區弱勢的孩子或是中輟生，因為輝志校長拿到了安麗的這個計劃案，讓宜蘭地區的聯合電視台看到。

三星國中張輝志校長的這一些舉動，聯合電視台就想要採訪三星國中的校長，校長當時有邀請媽媽看要不要一起被採訪，媽媽當時答應了，當時媽媽以為說是媽媽要被採訪，到了現場之後才知道說是要由我代表學生，現場是live直播，於是我有了一個上電視的機會，直播前的一個小時，媽媽趕快臨時的幫我在想主持人可能會問我哪些問題，我們就先擬稿然後做練習，但是正式上場的時候，因為主持人當時沒有跟我們一起模擬稿子，所以正式上場的時候，主持人問的問題跟當時我跟媽媽想的問題都不一樣，我就必須要臨場反應跟臨時發揮。

練習演講

　　我和弟弟當時被林作賢校長邀請去台大演講，原本是很想拒絕的，因為太難了，但後來在媽媽的鼓勵下還是接受了挑戰，在後來練習演講的過程中也沒想像中的那麼順利，我的弟弟突然說他不想去了，叫我自己去，我就跟他講了很多但沒什麼效果，我就跟媽媽說弟弟說他不想去了，怎麼辦？

　　媽媽就說不要緊張好好禱告，他在跟弟弟聊聊看，經過了漫長的過程，他終於答應了。我們之後就密集的練習一個星期去教會練習一次，日期比較接近時是每天去教會練習，林作賢校長再讓我們去台大演講前安排了銘傳大學讓我們去做練習，當天要去銘傳大學演講時很緊張，我一直說會死在台上，我弟弟也很緊張，直到講完的那一刻中於松了一口氣，在講完之後我們也問了大哥哥大姐姐們一些問題，例如：你覺得念大學重要嗎？可以學到什麼呢？

　　他們的回答讓我開始去思考念大學的重要性和需不需要念大學，結束後我們就很開心去吃中餐，晚上回到頭城後又去教會練習了一次演講的內容，準備隔天去台大演講，那一個晚上我們約了一個好朋友來旁聽，我們練習完後就一起在教會唱歌，像KTV一樣，那個晚上超爽的，回家後爸爸也一直在幫我們加油，他一直講笑話和鼓勵的話想讓我們不要那麼緊張，隔天一大早，我們就坐火車出發，反而去台大演講我弟弟變得不會那麼緊張了，而我還是很緊張畢竟是台灣最好的大學啊，在那個晚上我們又去了教會唱歌放鬆，從剛開始寫演講稿到能夠有勇氣站上台上講，真的花了很多時間，在這過程中其時也蠻感謝教會的朋友們默默的幫我們禱告，也感謝爸爸媽媽一直陪伴在我們的身邊。

● 申請大學特選的準備 ●

　　一開始我其實沒有想要申請大學，但經過大人分析給我聽之後慢慢的可以接受申請大學這件事，媽媽為了讓我特殊選才更順利，幫我請教會的長老幫忙我做備審資料，因為那個長老的女兒也是用特殊選才進大學，所以長老比較知道怎麼準備備審資料，剛好在準備的過程中，宜蘭實驗教育中心就開了一堂針對被審資料的準備課程，一個星期的課程，我和弟弟就報名了，而且還是免費的，教我們做備審資料的是一位大哥哥，他是一名大學生也是用特殊選才進學的，在課程當中有邀請幾位其他學校的大學生來分享他們做被審資料的過程和要怎麼調整自己的心態、面試需要注意的地方、面試的穿著、怎麼整理自學歷程資料等等……

　　上完課程後準備備審資料花了六個月的時間，從選大學科系到製作備審資料，當時真得非常頭痛，雖然看過大哥哥和大姐姐做的資料但當要自己做的時候腦袋還是一片空白，但後來把備審資料投給大學沒想到投了八所學校四所學校給了我面試的機會，我當時超開心的，因為一剛開始我以為我不會有機會去面試，第一間要去面試時很緊張，但我一直跟自己說教授就只是想更多認識你這個學生而已，不用緊張，很快的面試就結束了，之後兩所的面試也沒有那麼的緊張，有一所學校因為離家距離太遠就沒有去了，到最後各間大學開始放榜，我其中一間備取一和備取三，都沒有正取的，但信運的是後來備取一的學校通之我有很大的機會可以錄取，問我的意願，後來我就順利的有大學可以唸了，而且還是國立的，當時得到四所大學的面試機會，之前的行動走讀老師就跟我和媽媽說得失心不要太重，因為有面試的機會就代表你的自學過程是被教授認可的，我知道我有一所大學可以讀的時候就覺得一切都值得了，但媽媽說如果你沒有大學可以念也沒關係，就繼續自學，好好安排大學這四年的課程，現在就是蠻期待大學生活，希望在大學裡可以學習更多元的東西、交好朋友、宿舍生活、可以跟得上學習的步調、再去考個駕照之類的。

● 自學心得 ●

　　自學開始媽媽當時帶我們自學時壓力很大，身邊的親朋好友都不支持他帶我走自學這條路，甚至有人說：帶我和弟弟自學就是毀了我們的一生，但媽媽還是憑著信心帶著我們自學，在自學的過程中體驗到很多不同領域的東西也一直在突破內心的恐懼，跨出舒適圈真的很難，但突破了真的很開心，感覺自己又進步了。

　　在這過程中從來都不是跟別人比較而是自己，找到自己有興趣的是，沈浸在那個氛圍裡，是多麼快樂，如果問我再重來一次還會做出這個選擇嗎？我的回答是：會，你可以更認識自己、接觸更多東西、和家人的互動會變得更多、變得更成熟等等……

臺灣阿福——
陳淑美的故事

多發性神經纖維瘤症簡介

「神經纖維瘤症」是因遺傳或本身基因突變而造成的先天性疾病，學名為Neurofibromatosis（簡稱NF），其臨床表現是在神經周圍組織上長出多發性的良性腫瘤，但其基因異常將影響到神經與皮膚系統的發展；每位患者所受影響的輕重程度，相當不同。

醫學上多半分成兩大型：神經纖維瘤症第一型（Neurofibromatosis type1;NF1）及神經纖維瘤症第二型（Neurofibromatosis type2;NF2）。多發性神經纖維瘤症第一型，又可稱為周邊神經型；乃其發生病變的地方是周邊神經(腦與脊髓之外的神經組織)分布的區域。臨床上的表現，以多發性的表皮腫瘤與色素沉著斑塊，為最大特徵。

多發性神經纖維瘤症第一型在新生兒的發生率約是三千分之一，是一種自體顯性遺傳的疾病。發生變異的基因位置在第17對染色體(17q11.2)上，是屬於體染色體；所以遺傳上並沒有性別上的差異。因為是顯性遺傳，一般而言，當父或母有一方是多發性神經纖維瘤症的患者時，所生下的下一代至少有一半的機會，受到遺傳而同樣罹患給神經纖維瘤。多發性神經纖維瘤症第二型，則是中樞神經型；也就是說以腦與脊髓的神經腫瘤為主，尤其是雙側聽神經的神經腫瘤，皮膚的症狀比較輕微。

第二型較第一型少見，其致病基因位於第22對染色體上，也是顯性遺傳疾病，發生率約1/40000，是政府公告的罕見疾病；腫瘤主要位於中樞神經（CNS），尤其是兩側的聽神經纖維瘤（acoustic neurinoma），造成聽神經漸進性喪失，疾病特徵有雙側前庭神經鞘瘤、腦及脊椎神經多發性腫瘤，如：腦膜瘤（meningioma）、腦室管膜瘤（ependymoma）等。

這兩型不只表現的症狀不同，在遺傳基因的位置也不一樣。不過，臨床上也常發現有將近一半的病人，在他們的上一代中常常找不到家族史；換言之，則是自己本身的基因發生突變而發病的情況。

曾經的故事

在非洲西部，一個內陸國家——布吉納法索，有位名叫「阿福」的十五歲小男孩。阿福患了「多發性神經纖維瘤症」的疾病，導致他臉部五官外貌嚴重變形。家庭貧苦的父親，沒有能力負擔阿福的醫療費用，只能讓情況不斷惡化。由於，嚴重畸形的外貌，阿福飽受歧視及嘲笑（因肉瘤從眼瞼垂下到下巴，被譏笑為「象人」），最後只能選擇在家不上學。

一位從臺灣飛到布吉納法索服志願役的男生LUC（他不希望彰顯自己，而不願透露姓名）後來知道了阿福的事情，開始透過網路報導；在網友相互轉載之下，竟獲得了意外的迴想：「智邦公益館」及「羅慧夫顱顏基金會」，和該男生取得聯繫，熱心地表示願意幫忙。而「羅慧夫顱顏基金會」，也找到了「長庚醫院」的顱顏團隊，願意提供醫療協助；並且，長「庚醫院」在醫療費用上，也願意贊助手術費用。於是一個無國界醫療團隊誕生了，大家的目的和心願都一樣；就是要：幫助非洲阿福來臺灣就醫。民國一〇一年（西元2003年），阿福來臺經過手術重建顱顏，民國一〇五年（西元2006年）再度來臺複診；他十分開心！

遺傳的「原罪」

民國五〇年代末至六〇年代初，陳淑美出生於臺灣中部南投的平凡家庭；父親是一位伐木工人，母親則是家旁茶園的工人。父母育有陳淑美兄弟姐妹四人；家境雖不富裕，但父母也竭盡所能，撫育四個子女，讓他們衣食無缺。

由於，母親是「多發性神經纖維瘤症」患者；但兄弟姐妹都正常，唯有陳淑美自生下來就顯現了母親遺傳的基因。

陳淑美的「多發性神經纖維瘤症」，顯現在左大腿上，是一塊咖啡色的牛奶斑，班上還有長毛的情況；一開始倒沒有什麼變化，父母也不以為意。直至陳淑美約八、九歲時，左大腿開始受到「多發性神經纖維瘤症」的影響，不正常的長大；造成她一生夢魘的開端。

忍受異樣的眼光

由於生活在鄉下地區，陳淑美的「多發性神經纖維瘤症」，就被鄉人視為「上天的懲罰」、「前世的惡業」……等因果報應；這些流言蜚語，給陳淑美父母、陳淑美的兄弟姐妹與陳淑美本人，帶來相當大的困擾。

在醫藥知識不普及的年代，以及鄉人異樣眼光下，陳淑美的母親只好帶著她，四處求神問卜、尋求密醫治療；這些作為，當然是徒勞無功，也無法得到改善。

隨著病況加劇，陳淑美在外型與左大腿的病況變化，愈形明顯；甚至影響到日常的生活。這使陳淑美無論在身體上或心靈上，都遭遇了強大的打擊，痛不欲生。

社區同齡小朋友、學校裡同學的嘲笑、鄙視，或是鄉里鄉人的閒言閒語，都深深割痛了陳淑美幼小的心靈。「家是最大的安平港」，唯獨母親的憐憫、家人的包容，成爲陳淑美玲心靈上最大的倚靠；她在外面的受傷，只有回到家中才能找到慰藉。

父親的意外過世

「屋漏偏逢連夜雨」，陳淑美十一歲時，從事伐木工作的父親，因伐木意外喪生；原本就不富裕的家庭經濟，更是因父親的過世，而雪上加霜。由於伐木必須進入深山，父親在家的時日相當少；雖說見面少，但總比「天人永隔」還好些。

父親的過世，令陳淑美十分難過；直至今日，她仍舊遺憾——未能在父親在世時，多盡孝道。這樣的愧疚，持續在陳淑美的人生中，將近四十年之久。

父親過世後，家庭的重擔，全壓在了母親的身上；自小早熟懂事的陳淑美，很能體諒母親的勞苦與付出。國中畢業，她即放棄升學，北上工作。

就業工作

　　陳淑美受限於學歷不高，自然只能從事一些勞務性質的低層工作；但是，這一路下來，她竟也在北部工作了十餘年。

　　在職場上，陳淑美由於自身的缺陷，一直相當自卑；她不願多接觸人群，往往把自己閉鎖在工作中。在同事的印象中，她一直是沉默寡言、獨來獨往者；其實，大家都不知道，她內心的痛苦與煎熬。試問：普天之下，有哪個女孩，不想擁有美妙的身材與姣好的面貌呢？但是，老天爺偏偏跟她開了個大玩笑！

　　夜深人靜或工作空檔，陳淑美只能暗自流淚，獨自神傷；既不敢讓人知道，更不敢對人說。

手術新生

　　陳淑美是在一個特殊的因緣下，接觸到「慈濟」；並且，也在「慈濟」的醫療團隊的數次手術下，得到了外觀上的改善。

　　數次的手術，都由母親悉心的陪伴與照顧；由於母親的照顧與鼓勵，陳淑美是「關關難過關關過」，挺過了危險的手術與術後的復健。迄今，她仍對母親充滿了感激！雖然，人生種種遭遇曾經讓她無法釋懷，一如兒時她曾經的埋怨：為何母親的病只遺傳給了她？不過，經歷手術過程中，她對母親有了真正的諒解。

母親過世

隨著手術的結束，陳淑美即將展開新生時，一生勞累的母親竟然撒手西歸；兒時的喪父，此時的失母，再讓陳淑美跌入人生的另一個深淵！她幾乎失去了活下去的勇氣與動機；陳淑美幾乎是足不出戶，將自己又再度地完全閉鎖起來。

當年，父親因為想多增加一些收入，而在工地意外喪生；父親去世後，母親就是她最大的依靠，如今靠山已然消失！她每日以淚洗面，走不出再一次痛喪至親的陰霾！

某日，陳淑美又在思念母親之際，她忽然看到哥哥與嫂嫂，被生活壓彎腰的背影；她才猛然警覺，自己不能再如此喪志下去，而形成兄嫂的負擔。喪父之後，除了母親之外，哥哥、姐姐也都護著她；直至今日，母親走了，哥哥、嫂嫂與姐姐，仍舊照拂著她啊！她應該要努力站起來！

陳淑美主動幫助兄嫂的餐飲店生意；並且，她也投入與自己相同遭遇的「神經纖維瘤症」病友的關懷志工工作，協助他們站起來，面對生活。
此時，也因特殊因緣的關係，陳淑美開始接觸直銷的健康產品，並投入直銷的這個大家庭。

站出來、走出來

由於，自身的病痛遭遇，在從事直銷事業上，她是具有說服力的；但是，她強調：「健康產品」不是藥，眞正有病仍應就醫，不可迷信「健康產品」。她也舉自己兒時的痛苦經歷爲例，說：「迷信求神問卜、尋求密醫治療，都是不對的行爲；同樣的，健康產品是保養身體、提升免疫力、補充日常不足的營養，不可當藥吃，才是正確的觀念」。

其次，陳淑美也堅持從事直銷，絕不強迫推銷；她表示：直銷事業靠的是產品的品質和人際間的信任關係，一旦失去信用就什麼都垮了！

另外，陳淑美透過網路接觸外界，並與「藝起來串臉臉書粉絲團」，找到情緒紓發管道；她也與部分「神經纖維瘤病友」，一起「走出來」參與了「串臉藝起來」的展覽活動。陳淑美這一參與，就連續投入了三年的時間。

陳淑美參與「串臉藝起來」展覽，從民國一〇五年（西元2016年）開始，到民國一〇七年（西元2018年）；分別是：

1.桃園市中壢區元智大學圖書館美學之道

　　時間是從：民國一〇五年（西元2016年）十一月二十四日至民國一〇六年（西元2017年）一月十八日；主辦單位是「元智大學藝術中心」，協辦單位是「臺灣神經纖維瘤協會」。

2.臺北市大安區師大路六十八巷十三號 東豐喜藝文空間

　　時間是從：民國一〇六年（西元2017年）三月二十一日至五月七日；主辦單位是「社團法人臺灣神經纖維瘤協會」、「藝起來串臉臉書粉絲團」，協辦單位是「東豐喜藝文空間」。本活動展覽發起人（策劃人）：楊婉含（小草）女士，本身也是「神經纖維瘤病友」；而「元智大學藝術與設計學系藝術管理碩士班」的同學，也義務協助做「生命故事語音錄製」部分。

3.新北市三重區三重中央市場十號

　　民國一〇六年（西元2017年）八月，「藝起來串臉──聽我 ♡話我 ♡看我」展覽；主辦單位是「藝起來串臉臉書粉絲團」。此活動，主要以藝術家丘國武畫「神經纖維瘤病友」陳淑美為主（「盼夢」）；策展人也是楊婉含（小草）。

　　而陳淑美則擔任畫作「盼夢」的介紹，她說：盼夢即是一個期待的眼神，是盼望遠方、是美夢；期許自己不被病痛打倒，勇敢面對病魔，努力活出自己！

4.臺北市松山區松山文創園區一三三號 共創合作社南一開放藝文空間

　　「藝起來串臉公益畫展」是楊婉含策畫、自費辦理的第三場畫展；時間是從：民國一〇七年（西元2018年）五月四日至十六日。本場次是由楊婉含（小草）與「臺北市開放空間文教基金會」共同主辦，協辦單位是「聯合報系文化基金會」、「有故事公司」。

　　此活動，主要展出以同為「神經纖維瘤病友」的楊婉含（小草）、孫曉蘭的作品為主；她們以畫筆呈現「神經纖維瘤病友」的生命故事，並提倡臉部平權，盼增加認識、減少歧視！陳淑美則是參與五月五日展場的「繪畫心語」座談會，與「神經纖維瘤病友」，一起分享奮鬥歷程及DIY課程的協助。陳淑美分享時，表示：「很慶幸自己不再自我封閉，現在還透過直播表達出對家人的愛；期許其他患者，也要走出來」。

　　民國一〇七年（西元2018年）八月，「民視異言堂」節目，播出「再看我一眼」專輯；其中，陳淑美代表「神經纖維瘤病友」、陳美麗代表「顏面燒傷、五官全毀」者，一起接受錄影訪談。

　　要對陌生人「揭開瘡疤」（在心理學上，稱為「深度自我揭露」）；因為大部分的人，連自己瘡疤都不願意正視。連主持人都說：「從她們的敘述中，我大概可以想像到社會的歧視或訕笑，是可以多麼殘酷；同時心裡，更是敬佩她們的心，竟可以如此有韌性，抵擋得住這些攻擊。」陳淑美與陳美麗，真的稱得上是「勇敢的生命鬥士」。

　　主持人最後也說：「其實全臺八分之一的人，都因外貌而受過不友善對待，更遑論有著顏面損傷的人；尤其在如今網美、直播等顏值文化吹捧下，他們的處境更是艱辛。當然，每個人都愛看帥哥美女，喜歡賞心悅目的人或物，這是我們的動物本能；然而我也相信，我們社會應該已進步到一個程度了！這程度是我們可以超脫動物本性的控制，用更多理性去理解、更多感性去感受。讓任何外貌的人都能自在、舒適一點的生活。」

　　這正可以說，是陳淑美與陳美麗的願意站出來，以自己不完美的面目，現身說法，帶給其他病友，更有走出來的勇氣！

再度走出陰霾

民國111年（西元2022年），「新冠肺炎」(COVID-19)的疫情，瀰漫全球；臺灣亦無法倖免，觀光餐旅業首當其衝，不堪虧損的業者歇業、損失慘重的業者「跳樓」。陳淑美說：「因為疫情的關係看透人心，再度對人失去了信任」，她又開始有了一些負面情緒的產生；但她也說：「感恩幸福私塾課的冠瑩老師及同學的陪伴，才讓我沒有跌入谷底」。「那時的我，告訴自己：先把自己照顧好；不要再去想自己的夢想，放棄吧！」也許，是老天爺聽到陳淑美內心的不甘，就這樣放棄的聲音；所以，老天爺就派了一位天使來。

由於，這位天使的的堅持不放棄的關心：「他在兩個月內打了無數的電話，我拒接；傳了無數的訊息給我，我也已讀不回之下，仍不放棄。最近，我終於被他的堅持，給感動了！」陳淑美如此說道。

若說接觸到「慈濟」，是陳淑美人生遇到的第一個貴人；那麼，這次拉她出陰霾的友人，就是她人生的第二個貴人。當時，這位友人帶來一個很棒的機會來到我身邊；只是那時的我，已經失去動力了！但換個角度想：反正我平常就有在保養自己的身體、只是換個品牌而已！」陳淑美這麼說。

陳淑美從一開始，就只是單純地想支持他、保養自己的身體就好；「但是我卻因為透過『千萬草本植物』，讓我越來越年輕美麗」。這樣的奇蹟，使陳淑美開始參與「幸福企業」所有的培育課程。陳淑美說：「由於，幸福企業的課程，跟我過去所接觸到或經營過的事業完全不一樣；所以，公司只要有課，我每次都一定全程參與。」

「一直到2022年9月，上了公司的半日訓；因為我們教育總監的一句話：『你什麼時候為自己的人生負起責任？』。我因為這句話的觸動，重新點燃原先已熄滅的夢想。」陳淑美表示，「因為我一直沒有忘記自己的初衷及夢想；所以在2023年，才有機會跟林作賢教授一起出書。也因為自己人生已過半百了，不想讓自己再浪費生命；所以在2023年10月，正式離開傳統產業上班族的生活，全心投入在目前的幸福企業學習及合作。」

陳淑美也說：「除了讓自己透過千年草本植物，越多越年輕健康美麗，期許自己能夠在幸福企業，完成我的夢想；同時，希望幫助更多人找回健康，也能越來越年輕美麗，並協助想反轉人生的朋友，一起在幸福企業能夠身心家業同步圓滿。」

許願未來

　　早期「神經纖維瘤病友」沒有成立專屬的人民團體前，則是加入「財團法人罕見疾病基金會」為主，或是以非立案的聯誼性質社團，來與「財團法人罕見疾病基金會」合辦活動。

　　為了服務神經纖維瘤病友，「社團法人臺灣神經纖維瘤協會」，於民國九十九年（西元2010年）五月八日成立，並定位為「非營利為目的」之社會團體；其宗旨如下：一、促使各醫院、診所醫師儘早發現神經纖維瘤患者。二、增進神經纖維瘤病友及家屬相互支持、鼓勵與關懷。三、協助神經纖維瘤患者獲得妥善醫療、復建及治療藥品。四、促使大眾對神經纖維瘤之瞭解與認識，進而對於病友及家屬的關懷與支助。五、協助及促進神經纖維瘤醫學研究。

　　「社團法人臺灣神經纖維瘤協會」的第一、二屆理事長均為李銘仁醫師，第三屆理事長為方妙如女士；民國一一二年（西元2023年）五月，經改選的第四屆理監事接手。「社團法人臺灣神經纖維瘤協會」第四屆理事長為許立丕先生，理事為：張肇安、黃靜怡、龔昱禎、鄭博仁、林育慶、魏國麟、池國英、程彥涵；常務監事為鄭淑勻女士，監事為：張忠義、陳淑美。這是陳淑美為了「神經纖維瘤病友」，具體奉獻所跨出的第一步。

　　由於，「非洲象人——阿福」的故事，讓陳淑美發願：全力朝成立「神經纖維瘤病友基金會」而努力；她說：「臺灣善心人士與團體，願意幫忙遠在天邊的西非布吉納法索象人——阿福；何以不能幫助近在眼前，自己的相同罹病同胞呢？僅是感歎、納悶無濟於事，最好是自己捲起袖子來做事」。

　　陳淑美相信，設立基金會是無法迴避，且必須要走上去的道路；她期盼「神經纖維瘤病友」與社會善心人士，支持她的想法，大家一起來建構遠景，完成此一艱鉅工程。

版 權 頁

書名：臺灣百大創享家 (第四集) 真善美專篇

作者：林作賢、彭奕稀

總編輯：彭奕稀

責任編輯：廖淨程

書籍規劃編撰：強尼頭工作室有限公司

美工設計：強尼頭工作室有限公司

書籍封面封底設計：強尼頭工作室有限公司

書籍行銷：時光策略整合行銷

出版發行公司：時光策略整合行銷

　　　　　　新北市板橋區民生路2段232號5樓之3

總經銷：白象文化事業有限公司　電話/04-2496-5995

電話：090-2222-900

初版：2024年05月

售價：NT$680

國家圖書館出版品預行編目(CIP)資料

臺灣百大創享家. 四/林作賢, 彭奕稀作. --初版. -- 新北
市：時光策略整合行銷, 2024.05
面 ;公分

ISBN 978-626-97374-3-7(平裝)

1.CST: 創業 2CST: 人物志 3. CST:臺灣

494.1　　　　　　　　　　　　113005520